# 陶郅大师建筑作品选集

《陶郅大师建筑作品选集》编委会　编

中国建筑工业出版社

**图书在版编目（CIP）数据**

陶郅大师建筑作品选集 /《陶郅大师建筑作品选集》编委会编 . 北京：中国建筑工业出版社，2019.10

ISBN 978-7-112-24320-4

Ⅰ.①陶… Ⅱ.①陶… Ⅲ.①建筑设计—作品集—中国—现代 Ⅳ.①TU206

中国版本图书馆CIP数据核字（2019）第215460号

责任编辑：吴宇江　孙书妍
责任校对：赵听雨

主　　编：郭　嘉
副 主 编：陈子坚　邓寿朋　陈向荣　杨　勐　陶立克　夏　叶
编委会成员：郭钦恩　陈　坚　涂　悦　谌　珂　李　岳　陈健生　陈煜彬　陈天宁　陈雁芬　温嘉文　吴　丽　黄婉如　杨泽慧
摄 影 师：陶　郅　郭　嘉　陈子坚　陶立克　郭钦恩　陈　坚　涂　悦　周　珂　苏笑悦　邵　峰　涂宇浩　战长恒
封面设计：郭　嘉　黄水力



**陶郅大师建筑作品选集**

《陶郅大师建筑作品选集》编委会　编

*

中国建筑工业出版社出版、发行（北京海淀三里河路9号）
各地新华书店、建筑书店经销
北京点击世代文化传媒有限公司制版
北京富诚彩色印刷有限公司印刷

*

开本：850×1168毫米　1/16　印张：14¾　字数：826千字
2019年10月第一版　2019年10月第一次印刷
定价：228.00 元
ISBN 978-7-112-24320-4
（34785）

陶郅（1955-2018年）
全国工程勘察设计大师
华南理工大学建筑设计研究院原副院长、副总建筑师、博士生导师
国务院特殊津贴专家、广东省人民政府参事、广州市人民政府咨询顾问

陶郅大师长期活跃在建筑设计及理论研究的第一线，成就斐然。曾获全国工程勘察设计大师、梁思成建筑提名奖、亚洲建筑推动奖、当代中国百名建筑师等荣誉，主持设计的作品获全国优秀工程勘察设计金奖 2 项、银奖 1 项，中国建筑学会建筑创作金奖 1 项、银奖 1 项，省部级设计奖 60 余项。

陶郅共培养近百位硕士、博士研究生，参与编写学术专著 8 部，主持 1 项国家自然科学基金项目、1 项省级科技计划项目和 5 项国家重点实验室科研项目，为人才培养和理论研究做出了突出贡献。

“我通过建筑认识这个世界。”

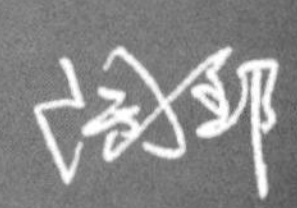

# 序

筚路蓝缕功不易，玉汝于成酬壮志。每一位勤勉奋斗的建筑人都深知创作过程之艰辛，而激励着大家甘愿以苦为乐的，总是那份对设计的热爱与初心。陶郅便正是这样一位视设计创作如生命的建筑师。当我得知，凝聚着他一生心血的作品选集即将出版时，不禁感慨万千：陶郅一生辛勤，设计成果丰硕，却未能见到自己的作品集录付梓，未免遗憾；好在他的作品已遍布中华大地，他的精神也必将一代代传承下去。

“喜看稻菽千重浪，遍地英雄下夕烟。”改革开放四十年取得了伟大的成就，而回望陶郅三十余年的建筑生涯，这一路的风雨兼程，都与祖国的发展砥砺同行，也正是千千万万个像陶郅这样的人前赴后继，将爱国之情、报国之志融入时代的洪流中，才能推动祖国发展的巨浪不断前进。

1978 年，陶郅考入华南工学院（现华南理工大学），作为“文革”后招收的首届建筑专业学生，陶郅抓住来之不易的机会，如饥似渴地学习。本科毕业后师从岭南建筑历史与理论学科的开创者龙庆忠教授，继续攻读硕士学位。当时恰逢改革开放后西方建筑思想的大量涌入，中西文化的兼容并包为其以后的创作打下了坚实基础。

20 世纪 90 年代的建设热潮为年轻建筑师们提供了许多大展身手的机会，陶郅抓住时机，不舍昼夜地工作。珠海机场航站楼是当时国内大型航空港建筑中唯一从投标设计、施工图、室内设计到环境设计完全由中国建筑师独立完成的个案，开创了 20 世纪 90 年代国内航空港建筑设计的新思路。

1998 年，陶郅首批入选中法政府学术交流计划“50 位中国建筑师在法国”项目，赴巴黎机场公司进修。这次与法国建筑大师保罗 · 安德鲁深入交流学习的机遇，让陶郅拥有了走近世界舞台的开阔视野。

进入新千年，国外建筑师大量涌入，中西建筑文化交流日渐增多。陶郅秉持着高度的社会责任心，始终专注建筑与场地、与城市、与人的对话，专注建筑文化内涵的表达。怀着对自己家乡的强烈热爱，陶郅在长沙滨江文化园的国际竞赛中拔得头筹，用八年时间打磨出一个极具长沙城市精神的大型文化建筑集群，被长沙市民骄傲地誉为“城市的文化客厅”。

正当陶郅的事业开始步入正轨之时，却被查出患有重大疾病。他从未怨天尤人，反而感恩设计带给他源源不绝的生命动力。他的创作热情也从未受到病魔的影响，反而成就了其建筑创作的又一个高峰，如厦门海峡旅游服务中心、武汉理工大学图书馆、合肥工业大学宣城校区、岳阳机场航站楼等一大批高质量的设计精品。他始终坚持自己当初选择建筑之时所树立的理想，那就是用自己所学设计对社会有价值的作品。

“千淘万漉虽辛苦，吹尽狂沙始到金。”从业三十余年来，陶郅的设计作品获奖丰硕，其中包括全国优秀工程勘察设计金奖 2 项、银奖 1 项，中国建筑学会建筑设计奖金奖 1 项、银奖 1 项，新中国成立六十周年创作大奖 3 项、省部级设计奖项共计 58 项。个人获梁思成建筑提名奖、亚洲建筑推动奖、当代中国百名建筑师等荣誉。陶郅也为我国的建筑教育做出了突出贡献，共培养近百位硕士、博士研究生，参与编写学术专著 8 部，主持国家自然科学基金项目 1 项、省级科技计划项目 1 项、国家重点实验室科研项目 5 项。作为一名有责任心的建筑师，陶郅一直积极参政议政，致力于用自身所学回报社会，在担任广东省人民政府参事期间，所提关于繁荣建筑创作的多个提案得到省领导的高度重视并落实办理。积极响应广东省“三师下乡”倡议，并无偿为广州市增城大埔村进行灾后重建规划设计工作。

一路走来，陶郅对于建筑设计的无上热爱和坚定信仰，成为支撑他为之奋斗终生的不竭动力。在波澜壮阔的大时代浪潮中，他是参与者也是见证者，在对设计作品精益求精的打磨中传承着匠人精神，在理论研究工作中坚持不懈地探索具有中国特色的现代建筑创作道路。陶郅始终秉持学者良知，辛勤、敬业、奉献，实为岭南建筑学派的杰出代表。

“零落成泥碾作尘，只有香如故。”陶郅虽然过早地离开了人世，但是他的作品依旧耸立于中华大地之上，静静地诉说着设计师的心路历程。三十多年来，陶郅的设计创作硕果累累，多达百余，其全部设计方案和图纸非本书所能呈现，本书精选了涵盖大型公共建筑、校园规划及单体建筑、图书馆三个类型共计 42 个不同时期的代表作品，较为完整地反映其跨越 30 余年的建筑创作历程。这本作品集是他在岁月长河中留下的印记，历经冲刷将愈加清晰。

“繁霜尽是心头血，洒向千峰秋叶丹。”陶郅一直乐于将其创作经验与大家分享，这本作品选集是他长期以来从事设计创作实践的总结，对从事建筑设计、研究工作均有较高的实用价值。希望广大读者朋友们能从这本诚意十足的作品选集中，感受到建筑师不忘初心的使命坚守、敢为人先的创新开拓精神，以及殚智竭力的责任担当。这本作品集也是他在每个建筑学人内心播下的种子，将不断萌发出热爱的花芽。

是为序。


何镜堂

中国工程院院士

华南理工大学建筑设计研究院有限公司首席总建筑师


2019 年 6 月　于华园

# "郅"观——"合宜"建筑观

当初选择建筑设计是因为兴趣，而这四十年来的风雨兼程则是出于责任。建筑师的工作，不仅是让头脑中飞扬的艺术创想付诸实现，更应该让建筑回归本真，为其找到在复杂多变的环境中合宜存在的意义。我一直以来秉持的"合宜的建筑观"，可定义为四个方面：合理——合乎理性的建构逻辑；合意——合乎传承的文脉意境；宜人——适宜人类生活的根本需求；宜境——适宜场地环境的和谐共生。

## 立志 | 学以致用，合宜而造

本人 1977 年恢复高考后第一批入读华南理工大学，学习建筑学，本科毕业后跟随龙庆忠老先生学习建筑历史，恰逢 20 世纪 80 年代改革浪潮兴起，自以为研究历史不如创造历史有趣，毕业后遂入华南理工大学建筑设计研究院开始画图建房子生涯达三十余年，至今不悔。创造历史不敢说，混入历史进程是肯定的。

在华南理工大学读研期间，我跟随导师龙庆忠先生做了大量的田野调查工作，期间我深深感受到中国传统建筑的魅力，其深厚的文化内涵和丰富的地域特征像一座宝库引人入胜。但也正是在这些亲身体验之后发现，传统建筑存在物理环境、空间局限等问题，如何借鉴西方建筑的优秀经验来表达中国传统建筑的文化灵魂，这是当时的我一直感兴趣的问题。

甫一毕业正赶上 20 世纪 90 年代初期的建设热潮，在大量的实践过程中也发现了许多问题，"欧陆风""方盒子建筑"等舶来主义大行其道，让我不得不反思这些东西对于中国城市的发展是真正合宜的么？而 1998 年去法国访问学习期间，对比法国历史积淀后城市的独特魅力与中国快速发展中的"千城一面"之后，更让我心中"设计合宜的建筑"这个奋斗目标慢慢明晰起来，后来也成为我整个职业生涯的执着追求。

## 态度 | 理性对话，合宜建构

从业三十余年，建筑之于我，并不仅仅是一份职业，更是我与世界沟通对话的一个方式。一直以来我比较回避通过作品表现建筑师自己的主观想法，而是秉持着客观建构的态度，将建筑作为一个与环境、历史、文化等一系列复杂条件之间理性对话的载体。建筑师不可能充当上帝的角色，我们的这个职业只是让这些客观存在来引导我们营造出符合逻辑的合宜空间。我始终认为逻辑上的"顺理成章"比形式上的"震撼人心"更为伟大。

——在珠海机场航站楼等这类大型项目的设计过程中，主要侧重于解决功能流线等复杂的实际工程问题。合理的存在一定是符合美学原则的，因此，当我们顺利地将建筑本身各种复杂的问题解决好之后，发现其实优美的建筑形态也就自然生成了。

## 实践 | 敬畏自然，合宜环境

天地有大美而不言。从不敢妄言改造自然，因为我始终认为建筑是人与自然之间的一个媒介。建筑师的工作就是在协调或平衡建筑与社会、自然、人文等等一系列的环境因素之间的关系，从而建构有意义的物质空间。环境本身就是最好的设计师，不动声色地牵引着我们做出判断和选择。这些年的设计实践让我明白，当作品被大众认可，其实是使用者在建筑所处的环境中产生了情感共鸣。真正好的建筑，一定是与环境合宜的作品。

——在长沙滨江文化园的设计过程中，我的关注点就在于对整个环境的把控，对于场所氛围的营造，而不在于对建筑本身的刻画。设计重塑了两江汇合之处冲刷沉积的坚固磐石的大地景观，隐喻了湖南人坚毅不屈的性格。

——乐山大佛博物馆的构思来源于大佛所在凌云山汉代崖墓空间正负形的转换，达到对原生态地貌"山体还原"的圆满境界，而西南地区特有的红砂岩材质的运用，也让建筑与自然融为一体。

## 创新 | 文启匠心，合宜合意

文化的多元性也铸就了建筑的多样性，文化因其博大而必定成为丰富建筑师创造力的源泉。我本身对中国传统文化有很强烈的兴趣，在设计最初的创意构思阶段，我往往乐于寻找每个项目中蕴藏的文化基因，这通常是我们整个建筑的灵魂。现代视野的艺术创想与传统文化的深厚底蕴并重，用传统笔墨进行现代书写，能为中国的现代建筑创作开辟蹊径。

——在郑州大学核心教学区的设计中，汲取中原地区"高台建筑"的元素，通过建筑群体的整体塑造，表现中原文化博大恢宏的气象。

——合肥工业大学宣城校区采用现代教育建筑与皖南徽派民居相结合的设计风格，通过现代建筑语言重现徽州古村落的诗意格局和素雅意境。

## 理论 | 不断求索，合宜未来

设计实践和理论总结是相辅相成的两条并行轨道，除了实践的不断积累，理论的研究学习也从不敢松懈。在图书馆设计领域率先提出"图书馆综合体"理念；主持的国家自然科学基金"低能耗图书馆"项目，形成了完整的理论框架及成熟的设计模式；在当代大学校园规划领域，提出了"有机增长、多元互动、资源共享、低碳节能"的理论。

近年来，在亚热带建筑国家重点实验室的平台支撑下，还对绿色建筑设计方法做了一些积极探索，尝试通过低技术、低造价的设计手段，获得良好的生态节能效果。

——在武汉理工大学图书馆的设计中，我们采用了绿化雾喷、中庭垂缦、立面遮阳等一系列绿色节能技术手段。本意是通过技术手段降低室外温度的雾喷，意外地营造了一种使整个图书馆漂浮起来的惊喜效果，达到技术与艺术的高度融合。

## 传承 | 知行合一，润物无声

我的设计工作室则采用师徒相传的教学模式，通过带领学生亲身体验设计的全过程，倾囊相授自己的所学感悟，潜移默化地让学生领悟理解。迄今为止，共培养了近百位硕士研究生和博士生，为我国建筑界输送了一批新鲜血液。

合宜的建筑观，包括合宜建构逻辑、合宜环境条件、合宜文化传统、合宜未来发展。在今天快速发展的中国，树立本土的文化自信、传承中华文化固有的优秀基因，成了所有建筑师必然的历史使命。我相信只要不断充分挖掘传统文化内涵，同时不断提升自身的技术水平，不仅能不负传承，更能面向未来。接下来要做的还有许多，实践永远在路上。

陶郅

陶郅

戊戌年仲秋于聆雨轩

# "郅"如其人

1955年11月18日，长沙城北潘家坪，陶家的第二个孩子出生了，父母给他取名为"陶郅"。郅者，至也。《史记·封禅书》："文王改制，爰周郅隆"。"郅"字通常表达最、极的意思，父母或是希望他今后能努力将每件事做到最好，做到极致，故取名"郅"。而这个男孩则用其一生的时间，努力践行着"郅"之臻义。

## 郅志——千岩万壑不辞劳，远看方知出处高

古语有云，"立志而圣则圣矣，立志而贤则贤矣。"脚下行走的路，取决于出发时的本心。成长于那个动荡年代，体会过峥嵘岁月的忧思之苦，更加激发了陶郅要用自己所学报效祖国的鸿鹄之志。

心忧天下，常怀报国之志。在高中时和同学成立的文学社发刊词中，陶郅选择了鲁迅《自题小像》这首诗："寄意寒星荃不察，我以我血荐轩辕。"他饱含深情的直抒胸臆："祖国啊，我愿意把我的热血，我的生命，我的一切献给你，都献给你呀！"他用自己的实际行动践行了年轻时候的理想，埋首深耕于建筑设计的广阔田野，将自己的一生奉献给祖国的建设事业。

积极进取，常怀向学之志。高中毕业后，陶郅被分配到长沙民族乐器厂，成为一名小提琴制琴师。酷爱读书的陶郅，在工作闲暇之余用废弃木板搭建了一个小小的自习空间，开始了他"躲进小楼成一统，管他冬夏与春秋"的读书生涯。多年以后，当他已经能为万千学子设计宏伟的图书馆时，回忆起那方小小"筑梦空间"，称其为自己的"第一个作品。"

学以致用，心怀拼搏之志。在陶郅的本科毕业照上，由他亲自在胶卷底片上题写的《华沙宣言》中的一段话"我们接受在一个有差别和不断变化的世界中工作的挑战"显示出当年踌躇满志的决心和大展身手的信心，而后他也用自己一生的建筑生涯践行了这句话。

既然选择了远方，便只顾风雨兼程。从此，心怀远志的陶郅，在这条他热爱的建筑设计道路上，一路纵横驰奔，逐梦前行。

## 郅坚——千磨万击还坚劲，任尔东西南北风

造化弄人，2008年陶郅被查出患有重大疾病，这对于正处于事业上升期的陶郅来说无疑是个巨大打击。医生和家人都劝他停下工作，安心休养，然而陶郅却从未停下脚步。他说"我不知道自己的生命将在哪一刻停止，我只有拼命地抓住每分每秒能够工作的时间"。如果说患病前，建筑设计是他施展才华、实现理想的一方广阔天地；患病后，建筑设计则是他获得生命动力的精神源泉。

凭着这份坚韧的生命动力，他怀着浓浓乡愁潜心创作，在长沙滨江文化园的国际竞赛中拔得头筹，用十年时间打磨出一个极具湖湘城市精神的大型文化建筑集群并最终获得中国建筑设计奖金奖。

凭着这份坚韧的生命动力，生病之后的十年间，反而成就了陶郅建筑创作的另一个高峰，不断涌现出如厦门海峡旅游服务中心、武汉理工大学图书馆、合肥工业大学宣城校区等一大批高质量的设计精品。

凭着这份坚韧的生命动力，陶郅从不在人们面前流露关于疾病的痛苦和压力就算被病痛折磨得难以入眠时，他也从未丧失斗志，而是想办法将注意力转移到自己喜欢的书法篆刻上来减轻痛苦。

面对困苦磨难的不期而至，一向乐观豁达的陶郅选择负重前行，而这迈出的每一步，都踏实坚定，也无怨无悔。

## 郅爱——为伊消得人憔悴，衣带渐宽终不悔

建筑事业是陶郅一生无悔的选择。在他眼中，设计并不是一份谋生的工作，而是他与世界对话的一种方式，他将其视为自己执着的信仰，无上的热爱。

因为这份热爱，他全身心的投入，常常没日没夜的工作，仿佛从来就不知道劳累。在设计珠海机场航站楼时，常常在珠海现场沟通后又连夜驱车三个多小时回广州继续画图；在设计郑州大学时，在学校招待所蹲点三天现场办公，废寝忘食地修改方案；在去法国访问交流期间，每天只带一瓶水和一个汉堡包走遍整个城市，只是为了将时间节约出来看更多的建筑。

因为这份热爱，他上下求索，永远保持与时俱进的工作态度。在他已经获奖无数成为大师之后，仍然像年轻人一样学习各种设计软件，更新设计手段，甚至还开办讲座和学生们分享学习经验。他不断吸取有益于建筑创作的艺术养分，小提琴、书法、篆刻、水彩画等一切与建筑相关的艺术形式都为他所用；他始终秉持"处处留心皆学问"，每到一处总是马不停蹄地考察记录当地设计作品，衣食之外皆用于治学。

因为这份热爱，他始终坚守，怀着当初的理想抱负，从未被商业化的浪潮所裹挟。对于设计报酬，他从不计较高低，反而经常主动完成许多任务书中本来没有要求的内容；对于甲方的要求，他尊重但从不谄媚，始终秉持自己的职业立场，始终担当建筑师的社会责任。

在陶郅心中，所有的艰难困苦，都因为自己心中的那份热爱变得甘之如饴。陶郅翱翔于建筑设计这方广阔天地之中，尽情绽放着生命的光华。

## 郅极——致广大而尽精微，极高明而道中庸

如他始终奉为人生追求的那幅书法作品"致广大而尽精微，极高明而道中庸"中所言那般，极致，是他深入骨髓的追求。

追求极致的他，曾有过"建筑此时此地"的观点，此时是指陶郅希望他的创作是用尽了当下全部思想去完成的。在设计乐山大佛博物馆时，临近交标前已经形成了完整方案，但陶郅突然有了更好的思路，于是带领团队废寝忘食的在四天时间内推翻之前的设计，重新创作了一个文化内涵和建筑形态完美契合的作品，并最终一举夺魁，广受好评。

追求极致的他，认为建筑师的工作是营造的全过程，因此建筑师对于自己作品完成度的关注，对于建筑品质的关注应该贯穿始终。在长沙滨江文化园的设计中陶郅在完成了建筑部分的设计后并没有停下思考，为了保证作品最终能向家乡人民交上一份满意的答卷，桑梓情深的陶郅选择了继续深化设计，完成了包括景观、室内的全部设计，使得作品最终呈现出屹立于两江汇流处不屈顽石的整体场所感。

追求极致的他，总是秉持良知皓首穷经，因为他认为"草率地对待了自己的设计，就草率地对待了别人的生活"。一生热爱读书的陶郅，虽曾有过在自己搭建的小小木棚中读书的经历，却始终不忘要为莘莘学子们创造一个舒适的读书环境。在武汉理工大学图书馆的设计中，他为建筑加上了绿化雾喷、降温水庭、中庭垂缦、立面遮阳等绿色措施，最后数据实测表明这些节能手段为图书馆创造了良好的室内热环境。

四十年的风风雨雨，陶郅心无旁骛，只为建筑设计而来。在日复一日的坚持中，如切如磋，如琢如磨，成就了作品，也成就了自己。

## 郅情——令公桃李满天下，何用堂前更种花

陶郅从 1998 年开始招收第一届学生，一生共培养了 97 名硕士、博士研究生。对于学生们来说，陶郅不仅是传道授业解惑之师，更是化作春泥更护花的人生导师。“桃李不言，下自成蹊”，陶郅为人低调内敛不事张扬，但学生们却都难忘这份沉甸甸的师生情。

学生们不曾忘记，他凡事亲力亲为以身作则，身教胜于言传。设计任务紧张繁重，他陪着学生一起通宵画图；项目场地山高路远，他带队勘察基地一马当先；方案讨论千头万绪，他守在电脑前画大量的草图，手把手教授每一个细节。

学生们不曾忘记，无论工作再忙，他总是把学生的事放在第一位。病重之后的他已经没有力气上楼，却强撑着虚弱的病体修改论文、指导设计；每次讲图超过午饭时间，接到师母提醒的电话，他总是嘴上说着马上就回，手中的笔却从未停下；有学生因兴趣爱好与学习产生冲突时，他从不武断批评，而是因材施教鼓励每一个有梦想的学生。

学生们不曾忘记，他爱生如子，如同父亲一般照顾着“陶李满天下”的孩子们。看到学生平日生活用品用的太旧，他自掏腰包给学生换新的；学生毕业后有工作需要他帮助，陶郅义不容辞尽心提携；每年生日陶郅都和自己的学生们一起度过，直到逝世前最后一个生日，陶郅想回长沙探望自己年迈的父母，却最终住进了 ICU 再也没有出来。

“曾错过江湖，莫辜负大海”是陶郅送别弟子奔向广阔前程时所刻的一方赠印。学生们说，陶老师曾教他们在江湖中掌舵，毕业后是要他们自己扬帆起航，驶向人生大海的时候了。而对于自己人生的江湖大海，陶郅同样做了选择，他曾错过许多休息放松的机会，曾错过陪伴家人的时光，曾错过享受生活的安逸，但他从未辜负过老师这份神圣的职业，也从未辜负过自己最热爱的建筑事业！

仰望星空，我们知道，在浩瀚的银河中有一颗星在闪耀，他曾燃烧自己散发思想的光和热，也曾点亮莘莘学子人生的明灯，此刻他在广袤的宇宙中寻找到永恒。

生于凡尘，归于星辰。

正如他一直所信仰的那般——“我思故我在”。

《陶郅大师建筑作品选集》编委会
己亥年教师节于华园芝庭宿舍陶郅工作室

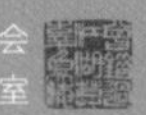

# 目录

# “郅”迹——作品时间轴

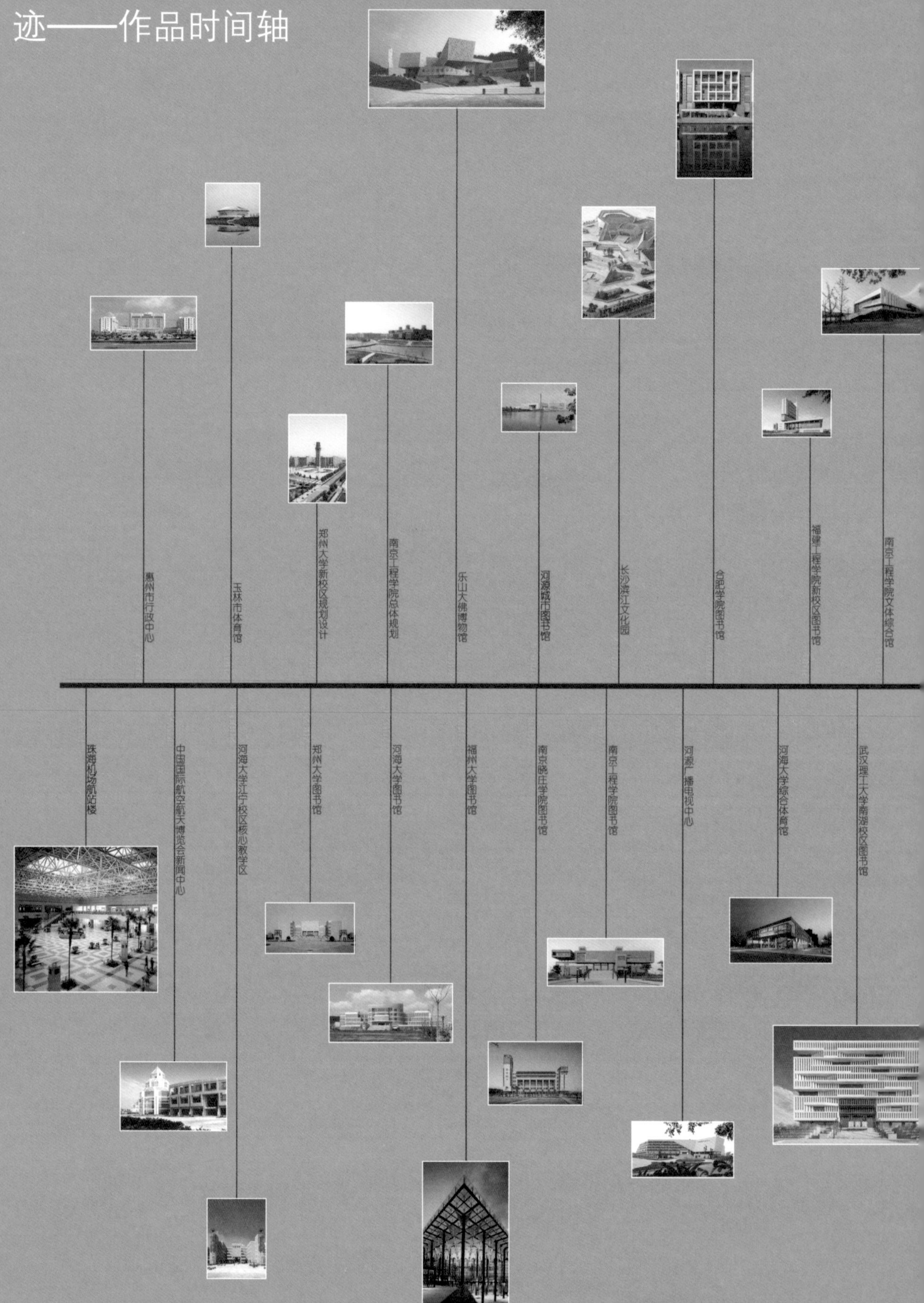

珠海机场航站楼
惠州市行政中心
中国国际航空航天博览会新闻中心
玉林市体育馆
河海大学江宁校区核心教学区
郑州大学图书馆
郑州大学新校区规划设计
南京工程学院总体规划
河海大学图书馆
乐山大佛博物馆
福州大学图书馆
南京晓庄学院图书馆
河源城市图书馆
南京工程学院图书馆
长沙滨江文化园
河源广播电视中心
合肥学院图书馆
河海大学综合体育馆
福建工程学院新校区图书馆
武汉理工大学南湖校区图书馆
南京工程学院文体综合馆

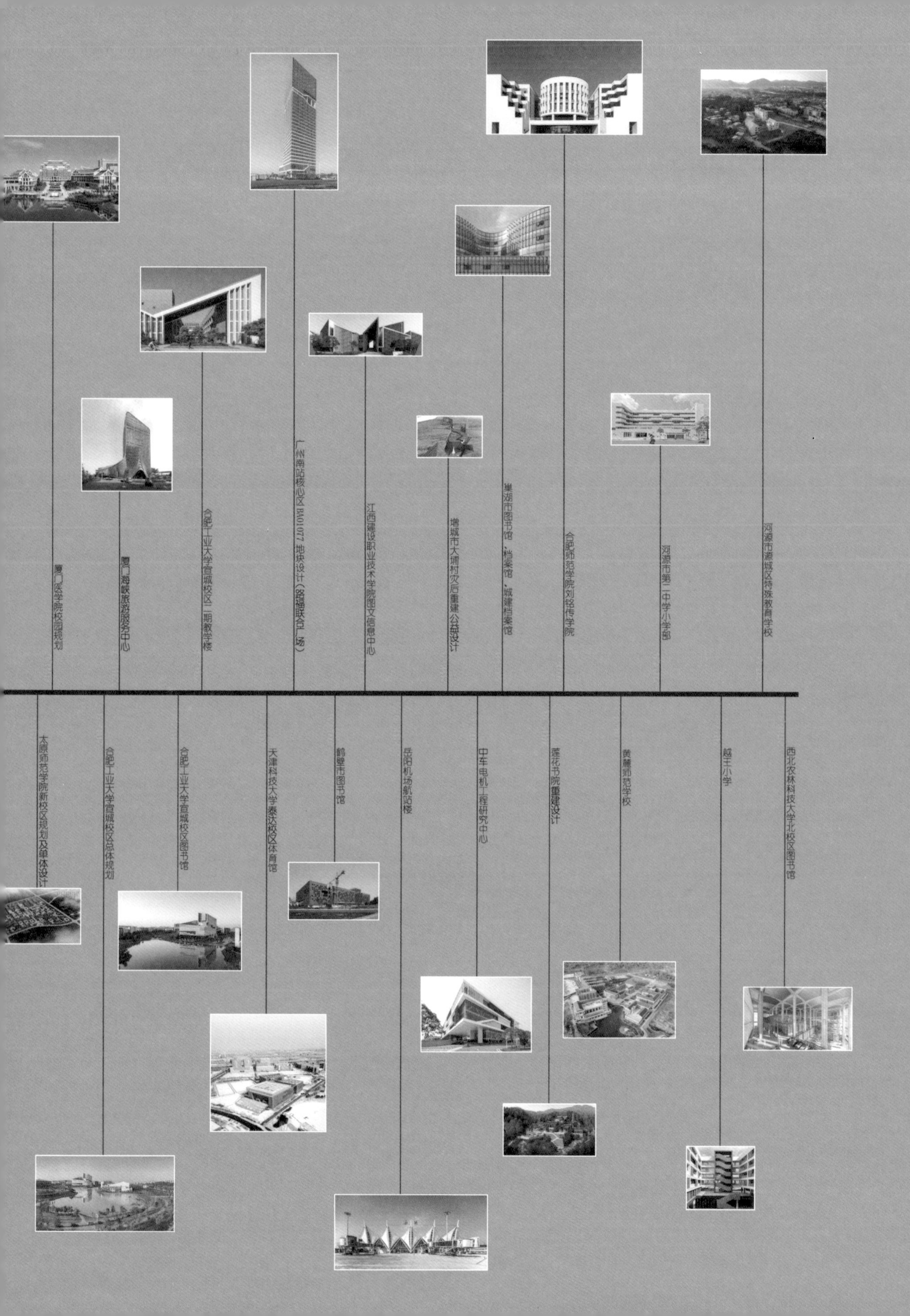
厦门医学院校园规划
厦门海峡旅游服务中心
合肥工业大学宣城校区二期教学楼
广州南站核心区BA01077地块设计（路福联合广场）
江西建设职业技术学院图文信息中心
增城市大埔村灾后重建公益设计
巢湖市图书馆、档案馆、城建档案馆
合肥师范学院刘铭传学院
河源市第二中学小学部
河源市源城区特殊教育学校
太原师范学院新校区规划及单体设计
合肥工业大学宣城校区总体规划
合肥工业大学宣城校区图书馆
天津科技大学泰达校区体育馆
鹤壁市图书馆
岳阳机场航站楼
中车电机工程研究中心
莲花书院重建设计
黄麓师范学校
越王小学
西北农林科技大学北校区图书馆

# 珠海机场航站楼

设计时间：1992 年
竣工时间：1996 年
建筑面积：9.2 万 $m^2$
所获奖项：全国第九届优秀工程设计金奖
教育部优秀工程设计一等奖
建设部优秀工程设计一等奖
主创人员：陶郅 土加强 汤朝晖 谢理 黄铭珂 汤德明 王淑秀 余泽宇
王锡媞 王钊 等

珠海机场航站楼为 20 世纪 90 年代国内大型现代化机场中设计建设周期最短、设备工艺最先进、建成最早的航站楼，对后续的一系列机场的建设提供了宝贵的经验。双指廊的建筑构型，有效地缩短了旅客的步行距离。航站楼人流、物流布置合理，引导系统清晰，保证了其便捷高效率的运作。全透明的室内空间设计，自然采光的高度运用，以及富于亚热带特色的高大棕榈树植物的引入室内，创造了一个宜人的候机环境，并大大节约了能源。到港、离港旅客的无交叉立体流程设计是当时国内候机楼的首创。到港旅客在登机门处即可直上候机厅上夹层通道。可俯视候机厅站坪全景，与离港旅客完全立体分流，且避免了下夹层通道堵塞沉闷的弊病，而且可以有效地降低首层层高，有极好的经济性和令人振奋的空间效果。大柱网无粘结后张预应力结构的采用，有效地缩短了施工周期。夹胶玻璃的采用为航站楼噪声的控制取得了成功经验。珠海机场大量民航最新设备的采用为国内新航管楼的建设提供了极为宝贵的经验。

## 设计故事

珠海机场旅客航站楼是陶郅主持的第一个大型复杂工程，也是华南理工大学建筑设计院建院以来的第一个大型航站楼项目，同时也是当时国内大型航空港建筑中第一个从投标设计、施工图、室内设计到绿化环境完全由中国建筑师独立完成的个案，在当时连民用机场都屈指可数的年代，这座完完全全由中国建筑师自主原创设计的全过程作品更显其来之不易。

这么多个第一次，对于 37 岁的年轻建筑师陶郅来说，既是个难得一遇的机会，又是重担千斤的挑战，为此他也付出了自己的全部热情来进行创作。“他是工作狂，是我认识的人中最工作狂的人。”一起合作的汤朝晖多年之后回忆。由于图纸的工作量非常大，陶郅和所有人一样几乎每天都熬到两点多才从工作室回家，第二天又准点上班，长期保持高强度的工作。由于项目工期紧张，图纸审查会常常安排在晚上，甚至有几次半夜十二点还在审查方案。他经常开三个多小时的车赶到珠海给领导看图，审完图半夜一两点钟又开三个多小时的车回广州继续画图。多年之后回忆起这段经历，陶郅自己都感叹，那时候精力怎么会那么好，仿佛有用不完的能量一般。

1996 年 11 月 4-10 日，珠海机场举办了首届中国国际航空航天博览会（珠海航展），时任国务院副总理吴邦国向国内外宣布：中国航空航天博览会定为每两年在珠海举行，一直持续至今。而陶郅与珠海的缘分也在继续，此后设计的中国国际航空航天博览会新闻中心也投入使用，为保障航展的良好运行发挥了重要作用。

设计珠海机场的经历，使得陶郅名声大噪。1998 年，陶郅首批入选中法政府学术交流计划《50 位中国建筑师在法国》项目，赴法国巴黎机场公司工程部（ADPI）进修。在 ADPI，陶郅第一次见到了后来国家大剧院的设计者——保罗·安德鲁。安德鲁亲自带陶郅等中国建筑师下工地，对工程进行详细讲解，而安德鲁对于细节品质的追求也给陶郅留下了深刻的印象。

“雄关漫道真如铁，而今迈步从头越。”珠海机场航站楼设计的成功，为陶郅的建筑生涯奠定了一个良好的基础，然而陶郅从未沉浸于声名鹊起的春风得意之中，而是又一头扎进了新的设计项目，一幅未来可期的职业篇章正在徐徐展开。

上海航空公司珠海=上海首航剪彩仪式

GREE
格力空调
洗手间
Toilets
紧急出口
Emergency Exit

郅言郅语

“做珠海机场的时候，精力怎么会那么好啊，好像完全不知道累的感觉。”

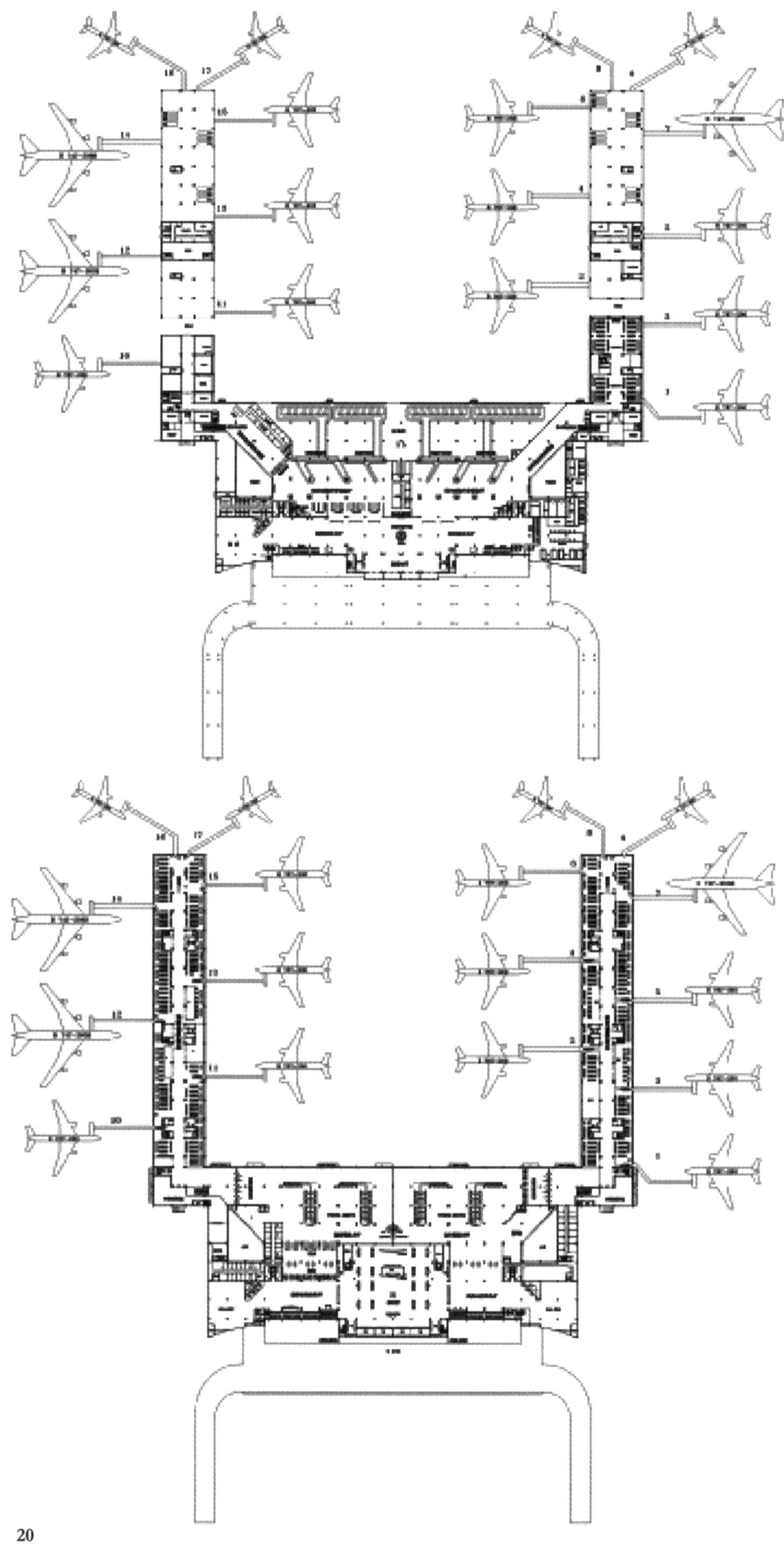

# 乐山大佛博物馆

设计时间：2004 年
竣工时间：2006 年
建筑规模：14012 $m^2$
所获奖项：全国优秀工程勘察设计金奖 建设部优秀工程设计一等奖
教育部优秀工程设计一等奖 建国 60 周年建筑创作大奖
主创人员：陶郅 孙蕾 陈向荣 郭嘉 吕英瑾 陈天宁 杨昕 等

乐山大佛博物馆的基地位于乐山大佛旅游景区总体规划的入口处，正对岷江大桥，用地面积约为 31856 $m^2$，地块距离乐山大佛约 3 公里。在设计之初，就确立了尊重当地自然环境和人文环境的原则，设计主要体现了以下几个特点：

1. 建筑构思源于乐山当地的汉代崖墓

汉代崖墓是乐山当地最具代表性的文物，建筑的形体通过崖墓的正负形体转换演化过来，一组高低错落的箱体建筑从山崖中生长出来，箱体内部即为博物馆的展览厅。建筑入口的处理也参考了崖墓的手法，入口远远退在建筑后面，位置较为退隐和收敛。

2. 建筑形体强调与自然的和谐统一

建筑基地正对岷江大桥，是一个开挖山体后留存的台地，南侧是一个约 50m 高的小山丘。在建筑形体的构筑中，突破了传统的构筑模式，发展“山体还原”和“山体契合”的生态原则，各个建筑体块向各个方向倾斜，并有很大的悬挑，如自然中山石垒叠一般。

3. 建筑空间展现了人工与自然的和谐共存

我们利用原有山体作为建筑的一侧墙体，另一侧围以展厅，上覆玻璃光蓬，从而构成了博物馆中最重要的公共空间——岩壁展厅。在确保山体安全的前提下，我们对岩壁展厅一侧的山体不加以任何的人工处理，让山体上保留原有的青苔和杂草，人置身博物馆室内，又宛若在自然之中。山体内凿以壁龛，置以展品，使大厅成为展览空间的一部分。岩壁展厅的玻璃光蓬由一组三角形玻璃折板组成，光蓬下一组自由的白色张拉膜使阳光透过光蓬照到室内，随时间变化形成一系列有趣的光影，增加了岩壁展厅活泼和自然的气息。

4. 建筑材料突出了建筑的地域性特点

乐山当地的山体是红砂岩质地，所以我们选用了当地出产的红砂岩作为建筑的石材墙面，无论颜色还是质感都与附近的山体非常接近，从而使建筑能与山体环境和谐统一。建筑表面做出凸点机理，在阳光的照射下在建筑的实墙面留下错落有致的阴影，形成表面粗糙的质感和机理。

5. 建筑装饰隐含了对文化的呼应及对环境的尊重

入口的门头由三尊佛像装饰，分别是代表“过去”“现在”“未来”的三世佛，以呼应乐山大佛博物馆的佛教文化。博物馆东侧有一个 850 座会议厅，在其独立入口的小广场前，我们设置了一个由钢、玻璃、白色拉膜组合而成的光塔，光塔的造型为中国古代传统密檐塔的现代版本，既突出了大佛博物馆的佛教主题，又与乐山大佛山顶处的灵宝塔有所呼应。

## 设计故事

追求极致的陶郅，曾有一个“建筑此时此地”的设计理念。“此时”首先是指他希望他的创作是用尽了当时的全部思想和能力去完成的；其次是指要体现在历史大背景下的时代感；“此地”则指建筑与周围地理环境、人文环境等形成整体和谐。

而乐山大佛博物馆就是一个体现“建筑此时此地”的作品。当时临近投标时间节点，也已有了比较完整的方案，但陶郅突然有了更好的灵感，他想从佛教文化圆融思想的角度切入，将原有已被破坏的山体进行还原，让博物馆像从山里长出来一般，使得建筑与自然再次完整地融为一体。这个概念找到了建筑形态与传统文化的契合点，让陶郅十分开心，下定决心就算时间再紧张也要把它完成，最后大家一起加班加点，方案中标并最终实施。

乐山大佛博物馆最具魅力的空间便是岩壁展厅，利用原有山体作为建筑的一侧墙体，上覆玻璃光棚，光棚之下自由的白色张拉膜使阳光漫射到室内，在这里，原有岩壁得以自然呼吸，展厅空间得以完满圆融，建筑光影得以交汇流转，而这一切都得归功于陶郅当时不到最后一刻不放弃的极致追求。

陶郅平日里十分热爱传统文化的学习，在此次设计中也运用了很多传统文化元素：在平面处理上就运用了对汉代崖墓空间正负形的转换；在入口的处理上，用三尊佛像装饰，分别是代表“过去”“现在”“未来”的三世佛，以呼应乐山大佛博物馆的佛教文化，门头上用了汉代的石刻图案。而要将这些传统元素融入现代建筑中，需要进行建筑的“语义转换”，这是最考验建筑师功底的地方。陶郅亲自找到当地工匠，画了很多张草图进行沟通，将三尊佛像表达得洗练洒脱又极富神韵。配合当地出产的红砂岩作为建筑的石材墙面，无论是颜色还是质感都和附近的山体非常接近，整个建筑与山体环境焕然一体，和谐统一。

“艰难困苦浑不怕，唯有匠心终不改”。不管面临的设计条件和局面多么困难，陶郅总能秉持着一颗专注的匠心，为寻找到最合理的解决之道，不停地上下求索。

乐山大佛博

郅言郅语

“我喜欢在一系列复杂的边界条件下找寻建筑与自然、建筑与城市的内在逻辑”

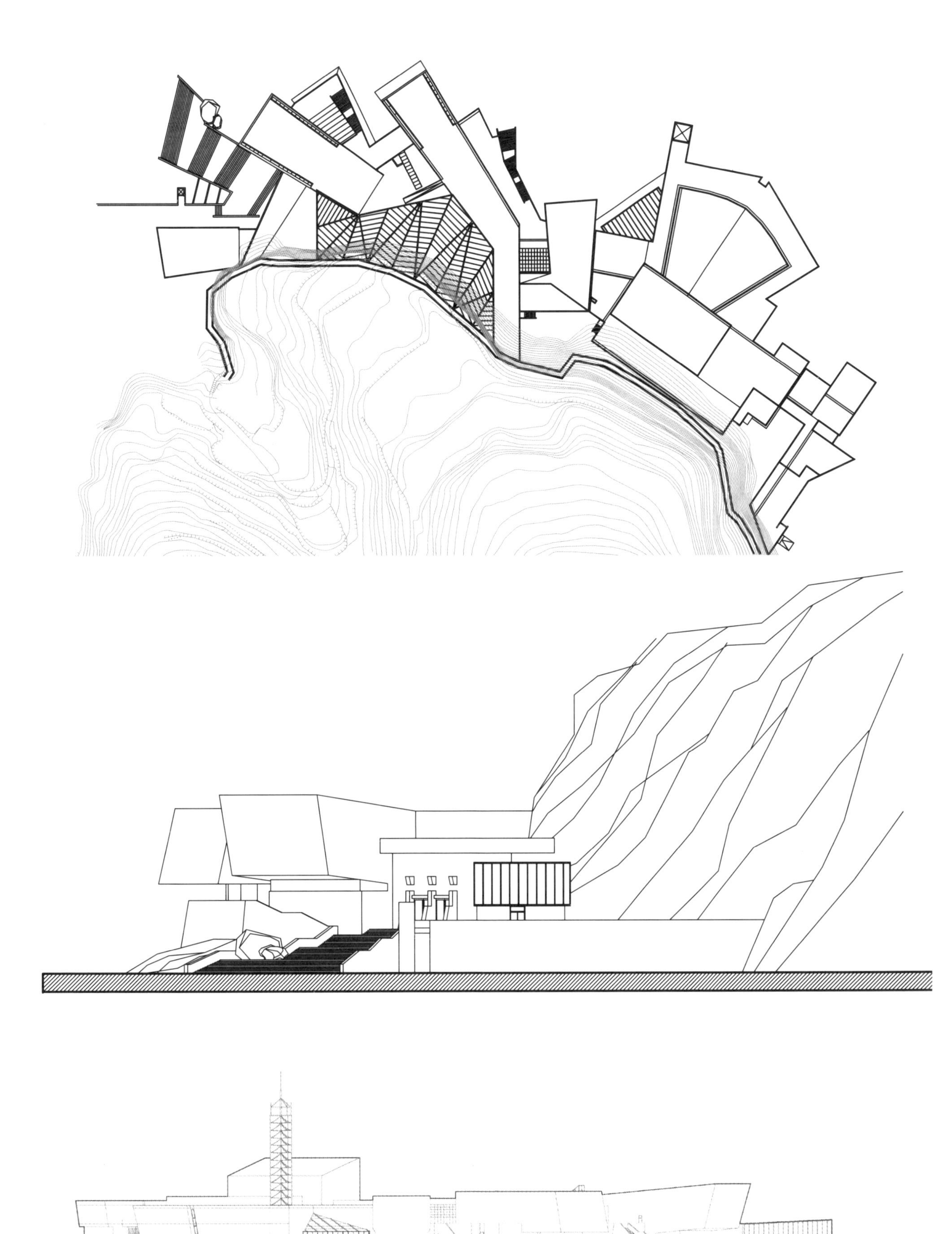

# 惠州市行政中心

设计时间：1992 年
竣工时间：1996 年
建筑面积：80000 m²
所获奖项：教育部优秀工程设计二等奖、建设部优秀工程设计三等奖
主创人员：陶郅 等

惠州市行政中心位于惠州市新城区，基地前低后高，建筑群布置在丘陵高地，使之具有良好的纵深景观。平面呈品字形布局。建筑群前部由一半圆形仿古典式柱廊围合成广场，整体造型严谨对称，庄重典雅。即富有古典的韵味，又有强烈的时代感，建筑群体组合错落有致，空间转换自然流畅，大小庭院组合富于变化，建筑细部处理细腻丰富，恰如其分地表达了政府办公楼的形象。

郅言郅语

"每一个建筑都应该放在其当时的设计环境中来看。"

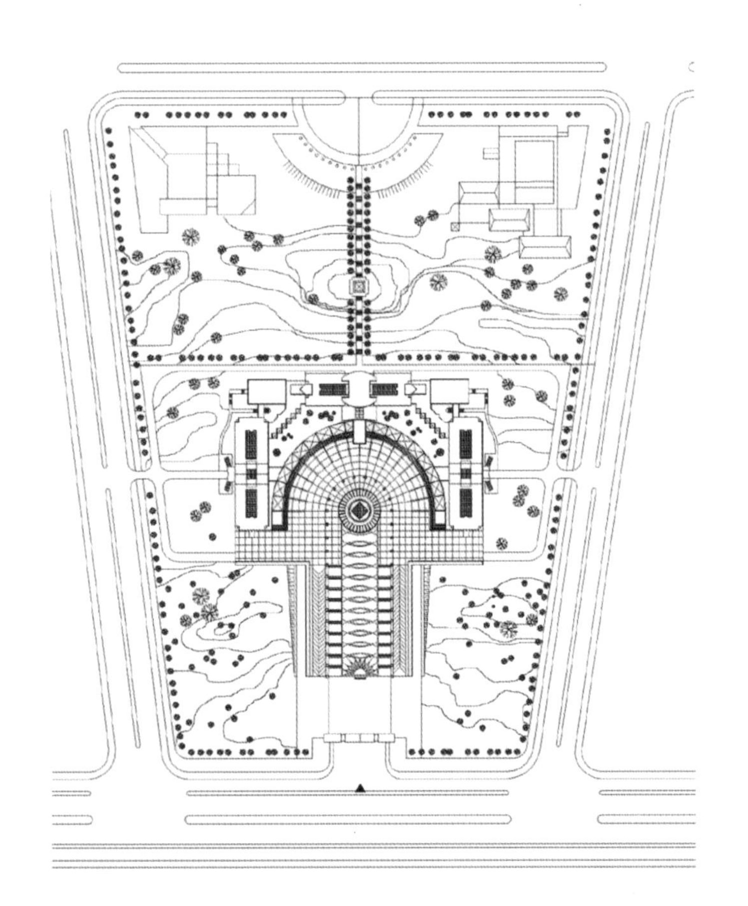

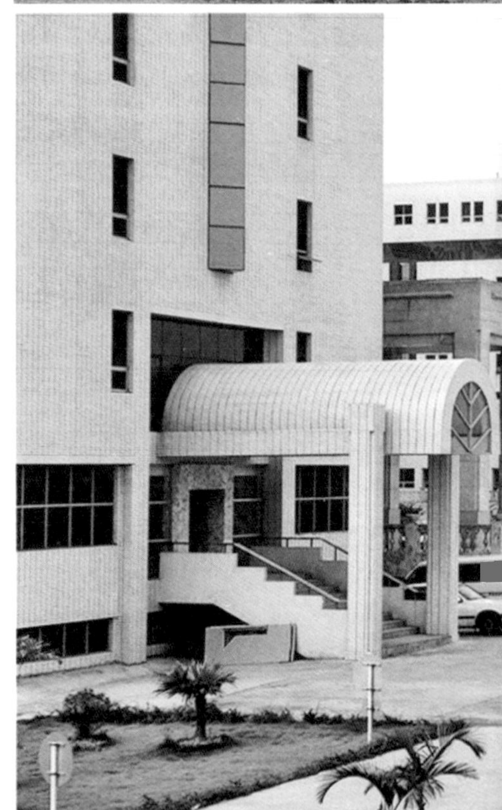

# 中国国际航空航天博览会新闻中心

设计时间：1995 年
竣工时间：1996 年
建筑面积：11800 $m^2$
所获奖项：教育部优秀工程设计表扬奖
主创人员：陶郅 等

## 设计故事

中国国际航空航天博览会新闻中心位于珠海机场西侧，是中国每两年一届航空航天博览会的配套项目。建筑设计采用了象征主义的手法，直指蓝天的玻璃四季厅入口，营造出向上升腾的动势，表现中国蓬勃发展的航空事业。

这个作品也融入了陶郅一直以来对于人本主义的理解。我们为航展的主角——各种新型航空器设计了高科技的展馆，可是奔波辛劳的记者们却常常缩在一角采编发稿。陶郅希望为这些默默付出的工作人员设计一个体面的、有尊严的工作环境。建筑平面由圆形的 500 人新闻发布厅与圆弧形记者采编用房围合了一个有趣的光庭。光庭绿树成荫，锦鲤畅游，是记者休息与交谈的轻松愉快的场所。

在陶郅心中，建筑是营造者或建筑师为人类行为度身定做的空间场所，因此他不仅仅关注空间使用的功能需求，更关注对使用者尊严、价值的维护。“设计师是什么样的，空间就是什么样的。”

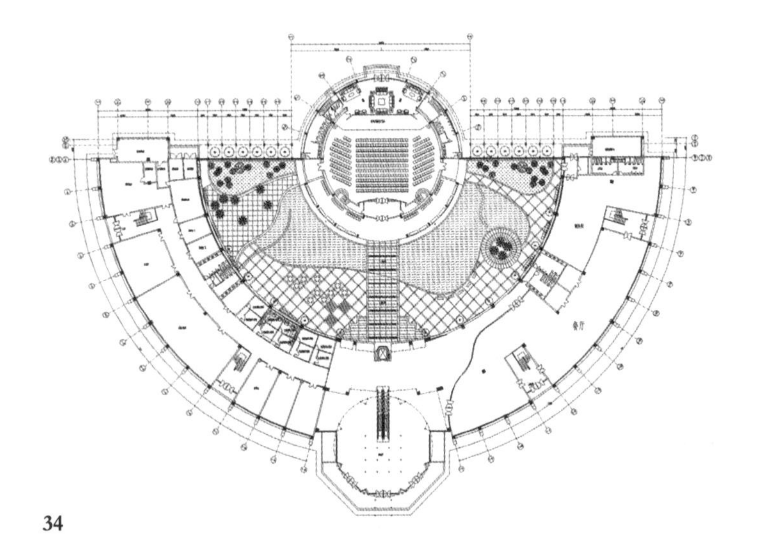

郅言郅语

“设计要为人们创造一个有尊严的、体面的空间环境。”

# 河海大学江宁校区核心教学区

设计时间：2000 年
竣工时间：2001 年（首期）
建筑规模：57000 $m^2$
所获奖项：广东省注册建筑师协会第二次建筑创作提名奖
主创人员：陶郅 陈子坚 邓寿朋 龚岳 等

河海大学江宁校区位于南京市郊江宁开发区西南部的教育科研区内，核心教学区包括图书馆，第一、第二教学楼，现代教育中心，建筑面积约为 57000$m^2$（其中首期建筑面积 25000$m^2$），位于学校的中轴线上，由图书馆前广场起延伸到校内一座山岗止，是整个新校区的核心部分。

1. 重塑步行者的乌托邦

核心教学区的交通规划结合建筑的手段，使核心教学区内彻底实现了人、车（包括自行车）分流，车辆绕核心区环路运行。教学楼面临环路的底层部分设半地下的自行车停放区，以解决学生上课时的大量自行车停放问题。

2. 多义性的外部交流空间

图书馆前广场开阔明朗，是学校的礼仪性空间。穿过图书馆，就是核心教学区的中心广场。纵长的中心广场被东西轴线划分为南北两部分，整个中心广场的功能如同一个舞台，气氛开放活跃，成为校园人文交流的重要场所。中心广场的东西面是第二教学楼、现代教育中心和第一教学楼。三栋建筑的山墙面成对称布局，走廊尽端的楼梯间在这里是重要的造型元素，灵感来自古代的门阙。与中心广场相接的是每栋建筑各有主题的内庭院。次一级的小庭院被赋予不同的个性，师生穿越其中，给空间带来人情味，也给空间带来更多意义。教学楼的首层部分架空，与庭院互相渗透形成一个多层次的交往空间。

3. 整体而富于个性的建筑形象

富于生命力的建筑元素的重复可以有效加强建筑组群的力度和建筑个性的演绎。在核心教学区的建筑组群中，我们对楼梯间的形象做了全新的诠释，它既是围合北广场富有表现力的空间界面又是师生们驻足其间俯瞰北广场的场所，而不是简单意义上的垂直交通空间，交通体在这里赋予了更多的意义。建筑的色调以朴素的青灰色和白色为主，点缀以蓝色、红色、黄色的钢构件，沉稳中不失活泼。

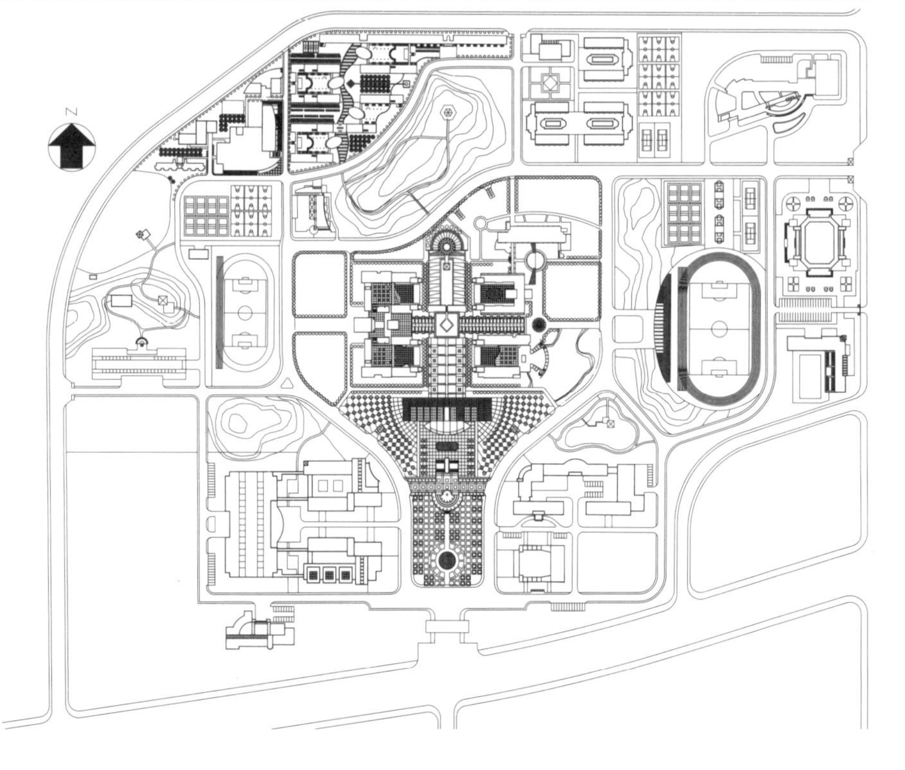
N

# 河海大学图书馆

设计时间：2002 年
竣工时间：2004 年
建筑规模：18171 $m^2$
主创人员：陶郅 蔡奕旸 胡庆峰 等

河海大学图书馆是校园中轴线上的主体建筑，也是整个校区的标志性建筑。它把整个校区的中轴空间划分为两个广场，无论是从校区主入口位置还是在校区主教学楼群的位置来看，图书馆都具有统筹全局的作用。图书馆用地东西宽约 250m，纵深 219m，呈对称漏斗形。图书馆顺应地块的形状布置，为减少体量，与主教学楼群协调，利用地块前后 2.5m 的高差，把首层设计为半圆形的地台式建筑体量，上部建筑坐在首层的屋面平台上，有效地减小了图书馆地面以上的体量，减少了对后面教学楼的遮挡，并且大大增加了使用面积。主要的开架阅览空间集中在一楼，减少了内部上下交通的人流量。图书馆总建筑面积 18171 $m^2$，地上 5 层，局部 4 层，采用藏阅合一的管理模式，大大增加电子阅览室的比例以及相应的设施，在功能上最大限度地满足现代新型校园图书馆的需要。

建筑总体构思反映南京悠久的历史文脉，体现 21 世纪的时代特征，在建筑造型上既延续原有建筑的设计风格，又充分突出其标志性。建筑体量虚实对比，强调建筑的韵律，形成具有乐感的丰富立面。中部的圆柱形形体嵌在两翼方形的形体内，入口虚实交替的特殊处理和两侧错位的开窗韵律突破了两翼的建筑语言，北侧中部的退台跌级处理更加强调了建筑的雕塑感，形成建筑视觉焦点。首层圆台采用弧形的大块斜面玻璃，夜景效果犹如一弯新月，建筑主体坐落在灯火通明的玻璃体圆台上，给人以轻盈通透的感觉。圆台屋顶利用反梁设置了 500mm 深的种植屋面，既具有保温隔热的功能，又形成优美的绿化休憩平台。立面材料采用类似清水砖墙的灰色和深灰色面砖，衬以白色水刷石的饰带，局部用钢架装饰，形成既有传统文化，又有时代感的整体建筑形象。

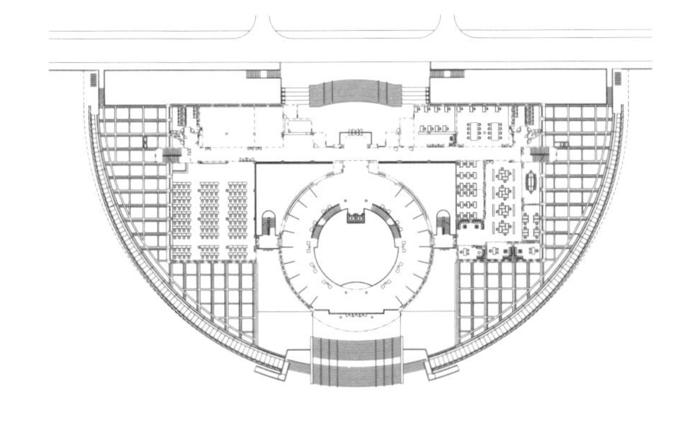

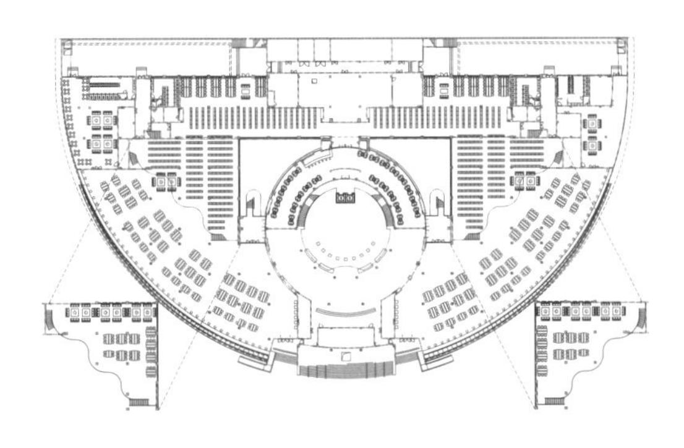

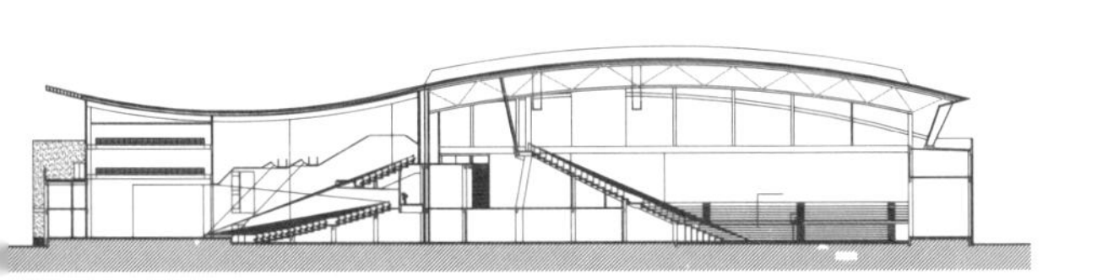

# 玉林市体育馆

设计时间：2001 年
竣工时间：2004 年
建筑规模：14000 $m^2$
主创人员：陶郅 杨勐 邓寿朋 等

玉林体育馆主入口面向东侧的江南大道，是城市主要人流的来向。建筑布局产生一种内聚力，展开双臂迎接来自城市的人流。体育馆坐落在绿色的台基之上，采用严谨的几何形体构图，产生强烈的雕塑感，雄伟庄重，极具个性，令其成为地段的地标建筑。

玉林体育馆平面极为紧凑，总建筑面积为 10600$m^2$，拥有固定座席 3400 个，并提供近 2000 ㎡的体育娱乐面积。

体育馆外观为一种简洁的飞碟造型，立面通过横向的金属百叶穿插产生一种强烈的速度感，加强了建筑物的时代气息。光洁的金属屋面（铝镁锰合金）结合垂直的玻璃采光带形成的流畅线条，表现了体育建筑力与美的和谐。宽阔的大台阶，一方面解决了大量人流的疏散，也打破了传统体育馆一圈平台加四向大阶梯的呆板布局，倾斜的绿色地台有力地烘托了主体建筑的纯净和雄伟。

## 设计故事

在体育建筑和大跨度建筑中，不可避免谈到的一个问题就是屋顶结构选型，因为它不仅涉及建筑造型，还涉及结构受力、设备管线、声学效果、屋面防水等一系列问题，是一个较为复杂综合的部分。在玉林体育馆的设计过程中，陶郅与结构工程师和设备工程师进行了多番详细的探讨，最终不仅保证了良好的自然通风采光，降低了空调能耗，也取得了良好的室内效果。

很多人调侃建筑师与结构师的关系是“相爱相杀”，而在陶郅眼中，这两者应该是“相亲相爱”。回忆起本科学习时陶郅就曾谈到，建筑和结构设备等专业住在一栋楼里，他们当时的结构课学的很深，不仅要求对一个建筑进行结构设计，还会要求进行简单的力学计算，因此打下了较为扎实的基础，也将这种良好的基础延续到了后来的工作中，他有时会亲自给学生画受力分析图讲解结构选型，也经常请结构的老总参加方案讨论会议，对于新的结构形式也十分感兴趣。“问渠那得清如许，为有源头活水来”对于建筑设计，陶郅从未给自己划定过边界，他永远在源源不断地汲取着新的知识为自己所用，丰富自己的创作思路。

# 郑州大学新校区规划设计

设计时间：2001 年
竣工时间：2004 年
建筑面积：140 万 $m^2$
所获奖项：教育部勘察设计建筑设计一等奖
建设部勘察设计建筑设计二等奖
教育部校园规划优秀设计二等奖
校园规划主创人员：陶郅 杨勐 胡庆峰 郭嘉 陈子坚 邓寿朋 蔡奕旸 等
核心教学区主创人员：陶郅 陈子坚 郭嘉 陈向荣 陈少锋 等
理科系群主创人员：陶郅 陈子坚 郭嘉 陈向荣 等
行政楼主创人员：陶郅 李皓超 等

郑州大学新校区位于郑州市高新技术开发区西北部，规划用地总面积约 271.5hm$^2$，建筑面积 140 万 m$^2$，规划容纳 40000 名本科生，2500 名研究生。规划区域内自然地势较平坦，地表无水面、沟壑、山丘，也没有人文景观。

一、以理性指导规划，回归学术庄严

规划使用地形成了统一的肌理和适宜的空间尺度。规划采用了 160m × 160m 的网格，形成初步的构图肌理，再通过严整有序的组合方式，使大学各个功能体块融入整体构图之中。规划方案设计尝试采用两条轴线正交构成整个大学的公共交流空间，轴线强化了校园的秩序感。沿轴线向外扩张分别构成各个学院的交流空间，通过各个学院延伸到学生生活区，有效地建立了交流——学习——生活三者为主题由中心向周围扩展的新模式。

1、模块化的网络组织

规划的第一步是由整体网络理性划分出以模块为单位的网络组织方式。模块的形式包括学院组团模块、体育区模块、生活区模块等。各模块保持合理的规模，以在内部形成人性化尺度，彼此之间保持合理的距离，其自身亦保持独立的发展方向。各模块内空间形式多种多样，形成各个组团的个性化空间形态。生活区、教学区与科研区有序排列，形成学习、生活、科研同在的有机规划结构，体现高效的学习生活，密切的信息交流。

2、多元互动的节点控制

规划在整个校园网络上设置了一些关键点，这些关键点具有特别的功能，具有公共开放性，并且较平均地布置于校园网的节点上，犹如互联网的一个个链接点，是可供学生交流的信息传播点；同时，学生成为资讯流，学生行走在这些必要的功能空间之间交往沟通，学生的活动由关键点有机串联起来，共同组成了学校的整个构架，形成生动的校园互动合作网络。因此，规划第二步是实现了对关键点的控制，亦实现了对地块的整体化控制，整个网络亦逐步形成。

二、以中原文化为统一主题，塑造整体性校园

我们积极从中原文化的地域性出发，同时充分利用规划优势，以寻求建筑与规划一脉相承的主轴线。其中核心教学楼区是解决新校区学生基础课和公共课的教学场所，通过使用庭园、连廊将核心教学区内各个功能片区连成一个整体，不仅方便使用，形成全气候通廊，而且大大丰富了建筑空间，突出整体形象，气势恢宏。尤其是 300 人的大课室呈弧线沿规划道路逐级上升，形成跌落布局自然展开的弧线，其概念来自中原“高台建筑”的传统理念。同时，由于楼层的逐级降低，屋面形成一弧线平缓而下，屋面采取屋顶花园的形式，沿坡面可从教学楼到达高处，俯瞰南北大片森林绿化。在增加活动平台、丰富交流活动的立体空间的同时，也为新校区树立了独特的建筑景观与人文景观面，塑造了新校区的校园个性。

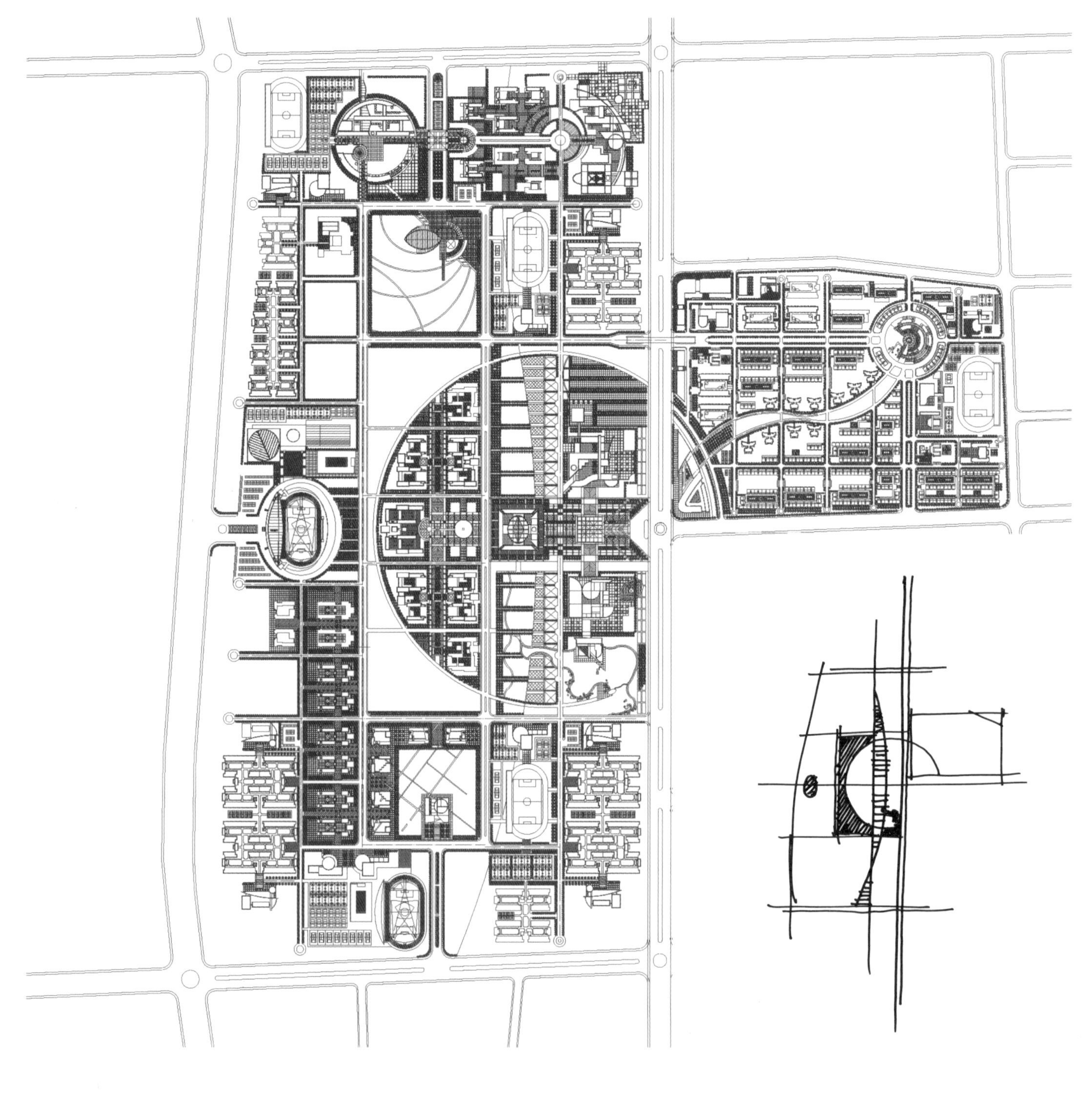

郅言郅语

“文化因其博大而必定成为丰富建筑师创造力的源泉。”

# 郑州大学图书馆

设计时间：2002 年
竣工时间：2003 年
建筑规模：34615 $m^2$
所获奖项：国家优质工程银质奖
主创人员：陶郅 邓寿朋 等

郑州大学新校区图书馆是一栋 5 层建筑，总建筑面积 38356$m^2$，首层西侧为报告厅和会议室，并设置了 4 层高共享空间的休息茶座、酒吧。首层东侧设置基本书库以及相应的技术、业务和办公用房。主要出入口设在二层东西两侧。图书馆设开放式阅览室、电子阅览室、视听室以及相应的系统用房、图书馆内部办公用房、研究室等。

郑州大学新校区图书馆位于校园的核心位置，处于核心教学区东西中轴线与理科教学群南北中轴线的交汇处。在校园中，本图书馆起到统筹全局的作用，所以本图书馆强调整体效果，以塑造完整、得体的校园建筑和素雅、优美的校园环境。在设计中我们对以下几点进行了深入的分析。

1. 从整体环境考虑，将建筑与环境协调，创造宜人的尺度

考虑到新建图书馆的中心位置位于核心教学区东西中轴线与理科教学群南北中轴线的交点处，因此，我们采用对称的建筑设计手法。在造型处理上，将建筑对东入口广场以及核心教学区开放，面向广场的凹口，采用“八”字形，呈内敛的趋势。

2. 作为校园的中心建筑，应该具备其特有的建筑风格

建筑总体构思：反映郑州悠久的中原文化气息，体现 21 世纪的时代特征。

建筑材料和色彩：外墙拟采用红砂岩，部分墙面进行雕刻，点缀白色水刷石的饰条，局部用钢架装饰，形成既有传统文化意味，又有时代感的整体建筑形象。既延续理科教学群的设计风格，又充分表现其标志性。

3. 适应图书馆的网络化管理，设计灵活的、开敞的图书馆内部空间

在遵循实用、经济、美观的设计原则的同时，在其功能上最大限度地满足现代新型大学校园图书馆的需要。采用开放式书库和阅览空间，大大增加电子阅览室的比例以及相应的设施。

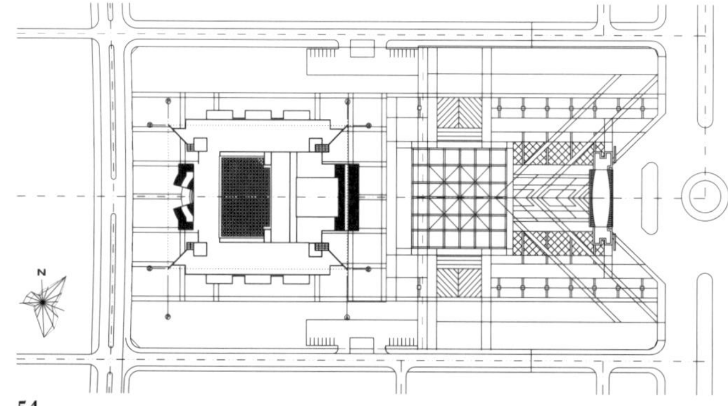

# 南京工程学院总体规划

设计时间：2002-2009 年
竣工时间：2012 年
建筑规模：845541m²
所获奖项：教育部优秀规划设计一等奖
主创人员：陶郅 郭嘉 陈子坚 杨昕 邓寿朋 郭钦恩 陈向荣 等

南京工程学院新校区位于江宁大学城的西北角，南侧道路对面为方山风景区；西贴百米景观大道，规划用地面积 170hm²，规划建筑面积 80 万 m²，预计发展为在校生 20000 人的规模。新校区东西长 1550m 左右，南北宽约 1850m，属丘陵地带，多个高低不一的山包分散在用地内，用地南部水面接近总用地面积的六分之一，水系丰富，绿树成荫，鹭鸟成群，自然生态条件十分优越，具有山水自然特色良好的校区建设条件。因此，我们确立的规划设计原则是：积极保护和利用基地原有地形、原生生态，创造山水园林式的、簇群式多核心弹性发展的高校校园模式，并在单体设计和实施过程中贯彻严谨而活泼的风格特征，体现现代化工科学院的特色。

基于现有地形地貌特点，规划以自然式布局的组织方式，顺应山与水的走势，将各个组团以簇群的方式布局。校园功能分区主要包括 1. 教学区，位于校区天印湖的北面，各个教学组团独立成组，自由发展，但又约定在一定的范围之内，绿化人行步道将各个园林式组团连接起来，外部被校园环路包围，成为整个校园最重要的学习交流中心。2. 学生生活区，分为两区布置在校园的东部与北部。每个小分区约 5000 人，中心处设有食堂。生活区内部采用内街的设计理念，纵、横向的步行系统贯穿学生生活区，创造小尺度的生活空间。3. 体育区，布置在校园东部以及北部，大部分位于两个学生生活区的中间，便于资源的利用，与教学区、学生生活区呈品字形布局。4. 校前区，布置在两个主入口附近，包括行政楼、工程实践中心、交流中心等，这样布局减少了该部分功能带来的大量车流对于校园的干扰。主校区的公共设施沿绿化步行走道展开设置，图书馆在长堤和百米大道入口轴线的交点，使得教学、科研、学术与信息交流、行政管理之间的联系快捷简便。校区建设至今，已完成 68.2 万 m²，并投入使用 8 年，校园道路格局、园林化环境基本形成，同时文体综合馆还在紧张建设中。

1 校园整体布局的特色——自由园林式的生态校园

尊重自然、保护自然、创造性利用自然，是规划坚持的重点。其一，规划尊重基地原有的生态环境，完整地保留了校园内的天印湖、鹭岛及另外两个半岛，不设任何公建，同时保留了湖岸、岛屿的大量原生态植物及环境，并且在基地中保留完整的树林，事实证明，在建筑建成以后，鹭岛的原生态环境得以保留，大量鹭鸟仍然栖息在该地，形成人与环境共处的和谐场面；校前区的设计有长堤、绿岛可达校园的教学核心区，中间的水塘边缘曲折变化，呈指状深入内地，扩大了陆地与水面的接触面积，丰富空间效果，改善校园的生态环境，使水面良好的景观渗透到校园内部。其二，建筑布局与道路规划因地制宜，顺应山势，而非采用僵硬的几何式构图避免与基地产生较大的冲突，从而形成了自由形态为主的道路布局形式，而建筑顺应山势布局，以配角形式隐没在园林山水之间；其三，规划在原有生态环境基础上，进行局部改造，并创造和添加新的园林环境，使新旧环境互为渗透，融为一体规划对基地的原有水系进行了适度的整合，形成形态优美的岸线和沿湖生态景观带另外，规划创造了一条步行绿化林荫带贯穿始终，连接重要功能点，完全实现车行外人行内的分流系统，避免对于行人的强烈的日晒环境，形成良好的室外交流及交通空间。

2 校园发展模式的特色——簇群式发展的弹性生长校园

一个好的校园规划应该能够提供有利于长远发展的校园结构，这样的结构不是凭空硬造的，而是，吻合所处地理位置的自然地理条件，自然生成的，这样发展出来的结构方能体现校园的有机性，从而形成自己的校园特色。南京工程学院规划结构正是基于上述理解而设计的。300 亩大水面是整个校园结构的中心，公共单体建筑沿湖分散布置，形成沿湖景观带，图书馆布置在长堤纵轴的尽端，各个教学组团以及生活组团成簇群发展，簇群之间由天然绿地隔离，点缀于园林绿化之间，随丘陵起伏，环湖水布局，20m 宽的绿化步行走廊使校园各功能区有机连接。规划强调组团内部的逻辑性与整体清晰性，使之整体呈现出有聚有散的弹性规划结构，各院系拥有独立的生长空间，形成簇群式发展的格局，既有利于形成内部之间的人文学术气氛，又有利于校园的逐步分期发展，为以后不可预知的发展留下了广阔余地。南京工程学院新校区规划是一个不断生长的动态发展过程，这种有弹性的多核心发展模式适应学校分期发展的特点，保证了教育设施的多用途并提高其使用效率，同时保证学校各期建筑功能的完整性及建筑风格的统一性。

3 单体设计风格——体现地域性的现代化工科建筑

在总体规划中标之后，我院通过委托设计或投标设计等又参加了多个中心区重要单体的设计工作，建成了一批高素质的校园建筑单体，并屡屡获奖。我们针对南京工程学院偏重工科的专业特色，所有的单体设计在坚持总体规划设计的规划理念基础上，形成统一的风格。在单体设计中，我们强调了工业化制造的精确细致的美，强调了丰富的细部的动人魅力，一方面可以达到与原生自然环境相对比对话的效果，另一方面也可以折射出学校的专业特点，这点得到了业主的赞同。单体设计手法方面强调了简洁的体量与细腻的钢结构之间的对比；而在建筑材料方面则强调了粗糙的涂料、劈离砖、陶土百叶砖与精致的玻璃、金属构件之间的对比。整体的效果和谐而富于变化，使所有单体从总体布局到细部设计都具有独一无二的建筑个性。在规划的基础上，校园内各类建筑设计风格统一，并表现出一定的地域文化特色，力使新校区达到整体性、统一性，促使新校区最终成为一个簇群式发展的生态园林校园，实现规划设计的理想。

长堤、绿岛、青山、碧水，构成校园自然生态园林的特色，簇群式的建筑组团正在慢慢生长。南京工程学院校区规划，与其说是创造，不如说是一种演绎，一种对自然地貌、地形的解读。在今日以及将来，随时间地不断发展，江宁校区都将呈现出一幅永恒的人与自然和谐共处的校园美丽画卷。

行政办公组团

信息组团

设计文理组团

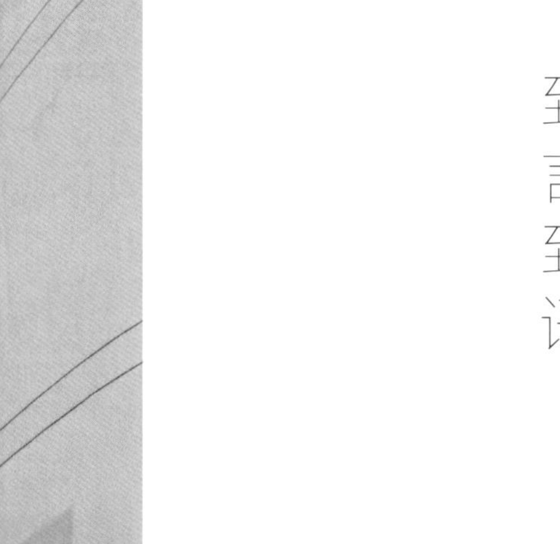

郅言郅语

“环境本身就是最好的设计师，不动声色的牵引着我们做出判断和选择。”

# 福州大学图书馆

设计时间：2002 年
竣工时间：2006 年
建筑规模：35196 $m^2$
所获奖项：全国优秀工程勘察设计银奖
建设部优秀工程设计一等奖
教育部优秀工程设计一等奖
建国 60 周年建筑创作大奖
主创人员：陶郅 郭嘉 陈子坚 陈天宁 等

福州大学图书馆规划位于新校区的中心，建筑面积 3.5 万 $m^2$。图书馆为学校各个主要建筑物所环绕，与周围的广场、水面等共同构成学校的文化精神场所，也是各个景观轴线的交汇处，起到统领全局的作用。方案从校园空间的特色出发，借鉴福建围楼以及中国传统建筑以“庭院”虚空间为中心的布局模式，创造出立体开放、多重构成的创新型图书馆核心空间形态。

1. 因地制宜，巧妙合理安排功能布局，利用平台组织人流集散生成核心空间

图书馆位于校园各功能组块的中心，由于学生宿舍区位于校园西面，大量学生将从西面进入，而东面又为校园的主入口，环绕图书馆北面为公共教学楼，从位置上说，图书馆处于一个交通人流各方交汇的位置，因此，必须着重处理各方面人流的汇集、穿越、使用的问题，传统的单一主入口、主入口单一朝向做法无法满足该要求。在经过与甲方多次交流、多方面的设计修改、论证之后，方案确定为多向到达的二层平台以接纳多向人流，从而形成内聚式开放空间的构思，即多个路径、单一大堂入口管理的建筑处理手法，有效地解决了单一路径、单一入口所无法解决的建筑难题。

二层室外平台的做法势必将建筑分为多个单元。通过分析整合图书馆的功能，将图书馆依次分为纸介质阅览部分的 L 型体量、非纸介质阅览部分、学术交流部分、咖啡厅部分、公共展览部分，前三个部分通过围合而又互相独立形成了二层平台的核心空间。这几个部分虽同属于图书馆，但是在使用功能和使用人员方面都有区别，因此，将之化整为零，有助于形成各单元独立入口独立开放时间，简化管理，例如门禁系统、安防系统管理、消防分区的划分等，同时，又通过二层室外平台以及首层展览大厅进行局部沟通，使内外联系都非常方便，形成既能独立运作、互不干扰，又联系紧密、功能共享的格局。

特殊的空间位置产生了特殊的解决方案，在这种特殊的形制下生成的二层平台就如同一个功能集结、人流集散的核心，不但容纳了图书馆的多向人流，也有序地梳理了校园的人流交通秩序。既然有源源不断的各向人流，下一步要解决的就是通过创新的设计使其保持旺盛的活力和吸引力。

2. 既是图书馆的功能核心、交通核心，也是全天候的校园核心空间

由于图书馆位于校园核心，理性完整的外型更契合于其作为礼仪性标志性建筑物的秩序感。因此，建筑物的外轮廓基本为正方形，通过对角线的切割产生线性、方形的内部空间，并以围合、半围合等手段来对比强调中心空间的灵活开放，达到建筑物外实内虚的外部完整性和内部聚合性。主体建筑体量主要分为藏阅合一阅览空间、非书介质阅览空间、学术交流空间以及展览厅四个。北部首层主要为学术会议中心，参加学术交流会议的人员由一楼进入，与阅览人流分离。二楼以上为主要的电子信息技术中心，即数字文献中心，主要入口位于二层平台。四楼为研究中心，其独立入口位于首层北侧；南侧为书籍文献管理入口。

位于二层正方形的平台几乎连接了以上所有功能，形成了多义的空间，涵盖了多种功能，包括门厅、大堂、检索、休息、展览、咖啡厅等等。从二层的方形平台可以到达各个门厅，也可以拾级而上通过直跑楼梯到达咖啡厅和三层露台，也可以到达书店，或者进入大堂；还可以通过旋转楼梯到达各层阅览平台，或者通过内部旋转楼梯到达一层的展览大厅，从展览大厅也可以到达学术交流中心。无论是从交通上还是功能上，二层方形平台都是具有复合、核心意义的。

这种核心意义的空间不仅是空间上的，还是时间上的。由于图书馆的咖啡厅、书店、绿化阅读平台等都属于可长时间开放的场所，同时也是属于校园服务性功能的场所，因此，将其从图书馆内部剥离出来，让它既属于图书馆，又属于校园。如此一来，这些功能都成为平台的一部分，与开放的平台一起，可以全天候为校园服务。这个核心空间被赋予了更多的活力，无论是否到图书馆的人，都可以到书店进行阅读，或者到咖啡店休闲，到绿化阅读平台休憩。平台上也可以举办各种沙龙或者宣传活动。由于这些活动都在半室外进行，对于图书馆的内部功能没有丝毫干扰。这就是校园跳动的心脏，图书馆不仅仅是一个精神意义、功能意义和形式意义的象征，更是一个校园的核心活动空间，一个富有场所精神的中心领域。

3. 全天候多向开放、全方位多层次交融——核心空间的多角度阅读

方形中庭一半为室内一半在室外，十字形的钢柱以 7500 的方形柱网形式界定了整个空间领域感。垂直的帆拱型拉膜结构在界定了空间的同时，在造型上如同一只只展翅腾飞的白鹭，不仅提供遮阳，其斑驳的光影效果以及独特的空间造型也给整体空间带来了唯美的艺术享受，使建筑本身的结构又赋予了鲜活的生命，并随一天当中的时间变化而变化，为大厅室内外提供变幻的魅力。沿玻璃幕墙依次排列的采光井灯柱，在白天是首层展览大厅的自然采光井，在夜晚又为平台广场提供了灯光照明效果，熠熠生辉。

大厅正中为一圆锥体，如雕塑般镶嵌在共享中庭上，从外旋弧形楼梯可到达三层平面，或也可从内旋楼梯到达一层展览大厅。中央出纳台整体位于大厅侧边，后面是图书馆的内部办公空间，功能便捷合理。圆锥体外表面镶嵌原木，保留原木断面的年轮纹样，并利用两种厚度营造出凹凸的肌理，形成独特的观感效果。从中庭可以通过共享空间仰望整个圆锥体，其创新的造型和肌理既与石材取得和谐搭配的效果，又与洁净闪烁的玻璃幕墙和钢结构产生明显的对比和衬托。

郅言郅语

“我始终认为逻辑上的‘顺理成章’比形式上的‘震撼人心’更为伟大。”

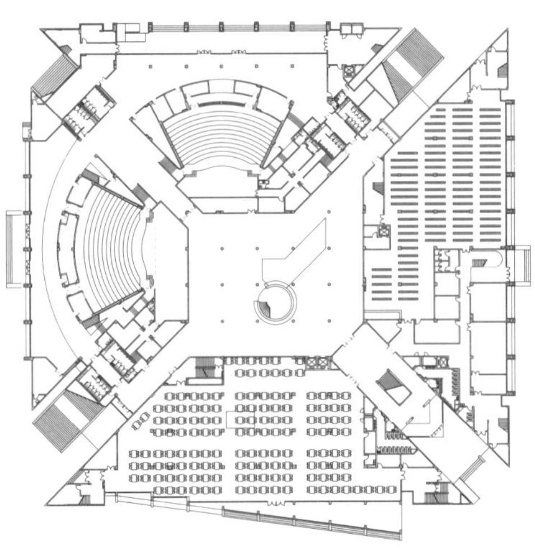

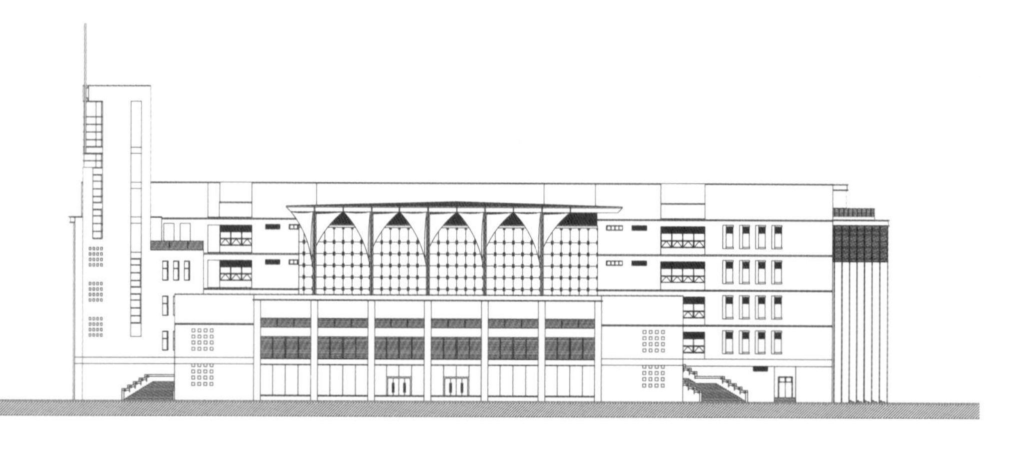

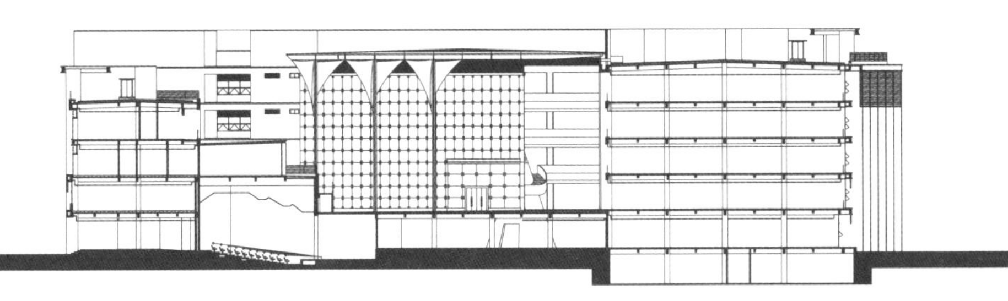

# 南京工程学院文体综合馆

设计时间：2003 年
竣工时间：2005 年
建筑规模：15924 $m^2$
所获奖项：教育部优秀建筑工程设计三等奖
主创人员：陶郅 郭嘉 陈坚 陈子坚 郭钦恩 杜宇建 罗莹英 赵红霞 等

南京工程学院文体综合馆项目位于核心教学区东北侧，主要功能是满足全校师生体育课教学、体育训练、体育比赛需要，并兼顾大型集会、演出需要。

南京工程学院文体综合馆的设计概念来自于“更高、更快、更强”的体育竞技精神，表达了“团结、动感、力量”的设计理念，美好的立意与造型使体育馆具有了独一无二的个性。

综合馆的基本造型可简化为一组流畅灵动的舒展平台翻转成训练馆，其上叠加主馆方正造型的组合。两者一动一静、一灰一白形成鲜明对比，建筑的轮廓线充满了灵动的韵律，上下起伏，宛如虬龙，又如波涛，成为凝固的音乐，给人以汹涌澎湃、充满动感与力量的感受。

设计将主入口及文体广场布置于用地南端毗邻校园主环路，主馆布置于南部，面向主广场，为校园中心创造标志性形象，训练馆位于北部，位置独立。综合馆沿西侧立面形成架空休息廊灰空间，为西侧球场的大量运动人员提供休憩纳凉的场所。

大学生的生活是丰富多彩的，不仅热衷体育运动，而且课余的文娱活动也十分丰富。最大化地满足体育教学、比赛及学生文艺活动等功能要求，是本设计着重追求的目标。主馆看台仅在一侧设少量的固定座席，固定座席看台对侧设置大型舞台，舞台在比赛时通过活动座席的展开成为看台，在平时活动座席收纳后则作为文娱活动的场地。

主馆首层的功能布置也是以满足师生平时的体育锻炼、休闲活动为主。首层主场地活动看台收纳后可以同时容纳 15 片羽毛球场地，主场周围布置了瑜伽馆、健身馆、体质测试中心等功能。

二层平台全天候开放，吸引了大量人流从主广场进入，既为主副馆提供了多层入口，满足各功能独立使用的要求，也为学生提供了一个文体活动的平台。

作为校园内的文体活动设施，本设计最大限度地满足学校教学、训练、文娱活动的需求，强调多功能、全天候、低成本的使用特点，体现“以人为本”的服务精神。

第七排
第六排
第五排
第四排

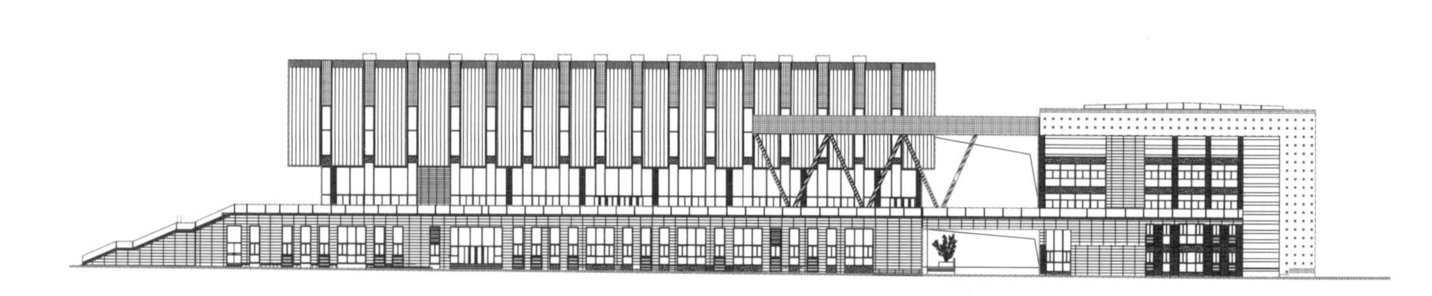

·体育中心

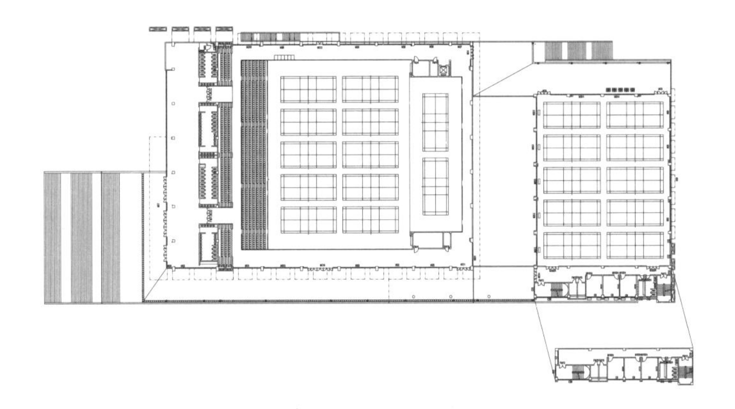

# 南京晓庄学院图书馆

设计时间：2004 年
竣工时间：2011 年
建筑规模：34366 $m^2$
主创人员：陶郅 郭钦恩 陈少峰 谌珂 杨昕 龙旭水 等

南京晓庄学院始于 1927 年 3 月，是由伟大的人民教育家陶行知先生创办并任校长的晓庄试验乡村师范学校。新建图书馆位于晓庄学院江宁校区，江宁校区总用地面积约 1212 亩，图书馆总建筑面积为 34366$m^2$，建筑层数为 3 ~ 6 层。通过总体布局、空间构成、立面色彩、造型风格等方面，用现代的建构方法塑造一个具有江南传统意韵的图书馆。

1. 水、桥、楼的总体布局

图书馆选址于晓庄学院核心区。中心水系由图书馆东南侧穿流而过，在图书馆与教学楼之间形成了一个扩大的湖面，作为滨水景观带的重要空间节点，空间的开口亦加强了中心广场与学生生活区的视线和空间的联系。图书馆在临水的东侧长边轮廓线进行转折，使沿水界面与曲折的水岸更为契合，同时分解成高低组合的建筑体量也减小了建筑对河岸景观带的压迫感。

2. 院、廊、塔的空间构成

我们确立了一个主庭、副院相嵌的两重院落空间结构，主次两重院落具有不同的特点：合与开，圆与方，高与低等。丰富的院落空间，意在创造一种基于院落的阅览模式，同时也是从现代图书馆到传统江南书院的诗意回归。塔的设置不仅丰富了建筑立面，50m 高的钟塔将偏居校园中心广场一隅的图书馆凸显出来，强化图书馆的校园标志性；另一层面钟塔将校园积极介入到城市空间之中，形成校园与城市的良好互动，也完成了塔作为传统聚落地标在图书馆建筑群的现代转译。

3. 黑、白、灰的立面色彩

建筑为经典三段式立面，分为基座、墙身和单坡屋顶，三部分采用不同颜色的材质进行区分。黑——单坡屋顶采用深灰色波形瓦，是整个建筑中颜色最重的色调。角塔及钟楼顶部采用深灰色铝槽与玻璃幕墙的搭配，与单坡屋顶的深颜色相协调。白——中间墙面部分为灰白色小墙砖，同时在坡屋顶檐口及建筑立面的层线位置用白色喷涂，强调屋顶的飘逸和立面的逻辑性。灰——在白墙黛瓦的基础上，首层的基座部采用灰色小墙砖，突出建筑的稳重感和均衡性。玻璃窗框以及副楼立面上的铝方通方格装饰均采用的是深灰色，形成玻璃和墙面的颜色对比。

## 设计故事

晓庄学院整体规划就已确立了江南传统建筑的风格，在确定了坡屋顶、院落廊桥空间、黑白灰的色彩等大的关系之后，就进入了对于细节刻画的部分，但是对于刚刚初出茅庐的年轻建筑师来说却显得有些棘手，尝试了几次都拿捏不好合适的比例尺度，显得十分生硬。注意到这些问题后，陶郅便开始通过勾画草图推敲细部，他推翻之前堆砌传统建筑符号和线脚做加法的方案，开始用现代建筑做减法的办法来处理，通过对虚实关系的转换，寥寥数笔立面马上显得精致又有韵味。大家也纷纷佩服陶郅对于细节的把握，以及对于传统建筑与现代建筑之间的融会贯通。

而在晓庄学院图书馆的设计中，陶郅还是留下了一些遗憾，由于当时在已经完成施工图的情况下，甲方要求增加了 1 万㎡的建筑面积，使得多层建筑变成了高层，导致在交通空间的处理上出现了一些问题，造成了后来使用的不便。当回访时陶郅得知这些，他表现得很坦然，他说“有问题我们首先自己要承认，不能推脱，而且要总结经验，不能为自己的失误找借口。”在人生道路上不可能没有失误，陶郅亦然，学会面对争议，不断总结，不断修正，也许也是每个建筑师的必修课吧。

圖書館

圖書館

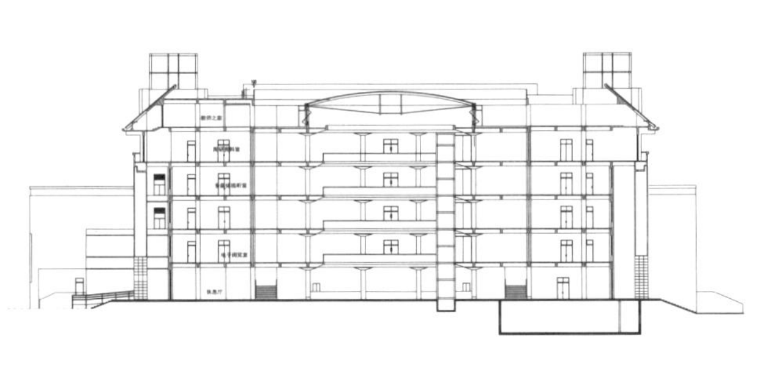

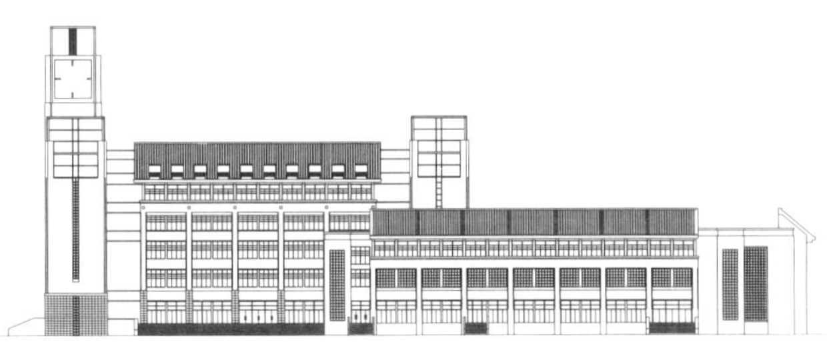

郅言郅语

“将传统建筑元素用在现代建筑里，是要通过语义转化使他们变成有现代感的东西。”

# 长沙滨江文化园

设计时间：2005 年
竣工时间：2014 年
建筑面积：总建筑面积：149943m$^2$，其中：博物馆 34173m$^2$，音乐厅 28161m$^2$，图书馆 31322m$^2$，规划展览馆 9255m$^2$
所获奖项：2018 年中国建筑学会建筑设计奖建筑创作金奖（公共建筑类）
2017 年第九届中国威海国际建筑设计大奖赛优秀奖
2016 年 WA 中国建筑奖城市贡献奖入围奖
2010 长沙滨江文化园两馆一厅——博物馆 第八届中国国际室内设计双年展银奖
2010 长沙滨江文化园两馆一厅——图书馆 第八届中国国际室内设计双年展优秀奖
2010 长沙滨江文化园两馆一厅——音乐厅 第八届中国国际室内设计双年展优秀奖
主创人员：陶郅 郭嘉 郭钦恩 陈子坚 陈坚 杜宇健 陈向荣 谌珂 王黎 陈天宁 易文媛 等

## 设计故事

长沙滨江文化园，位于湘江与浏阳河交汇的新河三角洲。占地面积约 300 亩，总建筑面积约 15 万 m$^2$，包括博物馆、图书馆、规划展览馆和音乐厅四大核心场馆，拥有上万平方米的中心文化广场以及亲水码头、景观塔等文化活动展示平台。

整个作品陶郅最满意的地方是对场景的整体把握。设计之初并没有把单个建筑独立处理，而是将其当成一个大的整体环境来构思。所以整个设计其实是以“开放共享，交流舞台”为出发点，为市民文化生活打造一个开放的城市客厅。

而如何将这个城市客厅融入整个三角洲地区的自然环境之中，陶郅选择“顽石”和“沙洲”作为创作的构思原型，引入大地景观元素融入城市形态之中。耸立于长沙新河三角洲的建筑群好像从城市奔向江河的一组强有力的顽石，经过历史长河的冲刷和积淀从大地之间崛起，以自强不息的姿态迎江而立。

作为一个从小在湘江边长大的长沙伢子，陶郅也将自己浓浓的乡情融入了滨江文化园的设计中。现在的景观塔，是原有设计任务书中没有的，但是陶郅深知三角洲的特殊性，它处于湘江和浏阳河的交汇处，需要一个类似于灯塔，标示地理位置和引领航向的构筑物。在博物馆的外墙上，陶郅采用长沙市的老地图和老街道名作为肌理，希望能够重拾老长沙人的记忆。音乐厅外墙则采用“潇湘水云”和“洞庭秋思”两首颇具湖湘特色的古琴谱，既具有文字的美感，又具有音乐的属性，古今文化在这里以一种独特的方式相遇、碰撞。文字内容摘自《荀子·劝学篇》的励志古训，彰显图书馆作为传播知识的载体特征。这些独特的奇思妙想，都离不开陶郅平日里深厚的文化积累。

虽然设计师们总是追求极致，然而任何一个作品都不可能是完美的，长沙滨江文化园也难免有遗珠之憾：一是中央广场，最初设计的地面是由旱喷雾灯带交织而成一个星形的广场，星形灯带暗喻了长沙的红色革命主题，雾喷又能在酷热的夏天给广场进行降温，但最后没有实现。二是在湘江边陶郅还设置了一个水湾广场，引入一湾清澈江水，在音乐厅外环绕成一个小小的市民娱乐舞台。陶郅认为长沙的娱乐气氛很浓厚，不仅仅要为买票的观众提供阳春白雪的音乐殿堂，也应该为平民百姓们提供一个下里巴人的娱乐活动场所。后来由于防洪水位等原因未能实现。但是三馆一厅的管理者们读懂了设计者的良苦用心，每到夏天都会在中央广场开展露天惠民文化演出，也算是弥补了这个遗憾。

设计方案从 2005 年在国际竞赛中一举夺魁，到长沙滨江文化园最后落成，前后历时八年，八年间经历的艰难坎坷让陶郅甘之如饴。而陶郅自己的人生在这八年间也历经磨难，2008 年，陶郅被查出患有重大疾病，虽然医生和家人都劝告他停下工作安心养病，但他却从未停下创作的步伐，他的人如同他的作品一般倔强顽强，坚毅不屈。

瀟湘夜雨
煙寺晚鐘

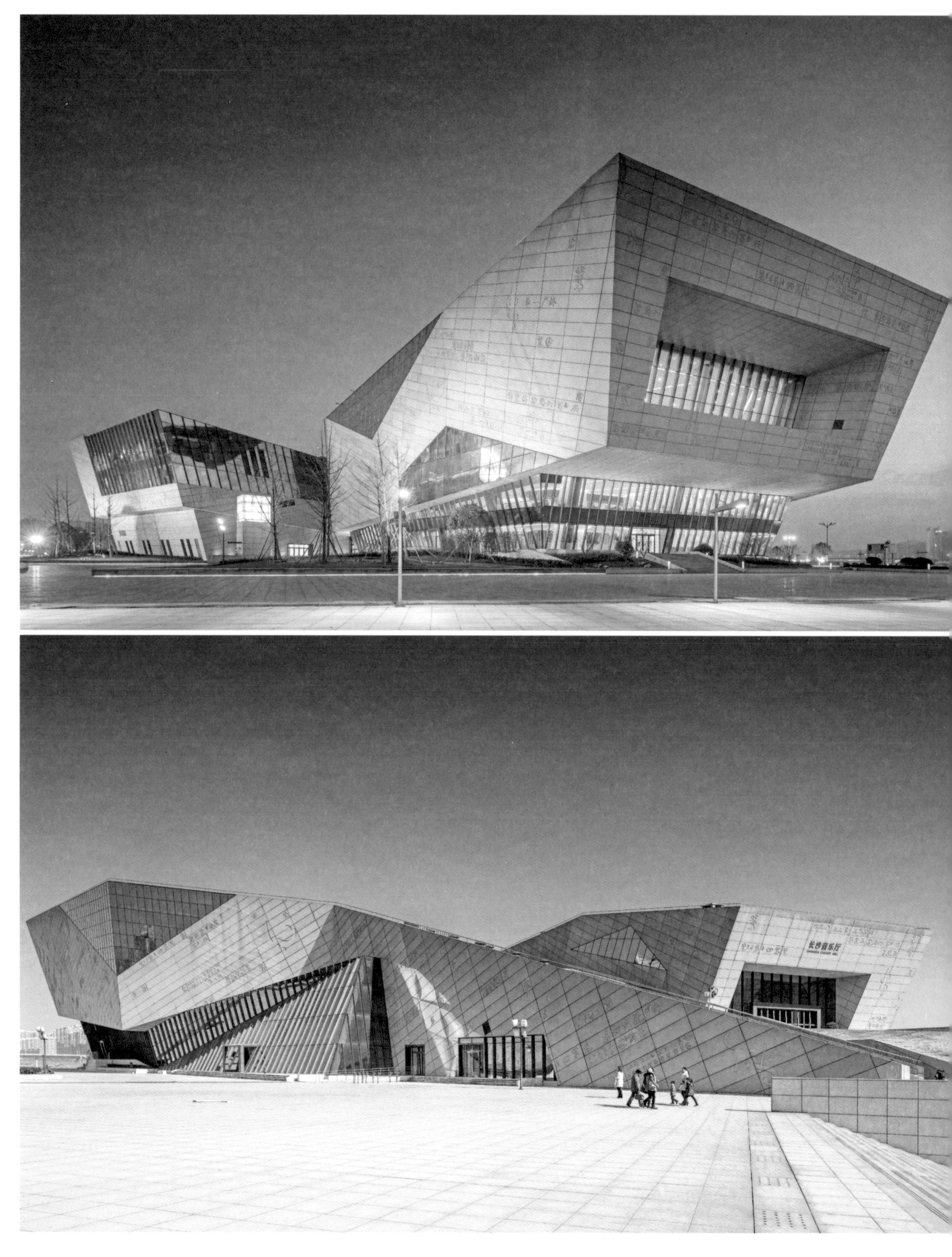
长沙音乐厅

长沙博物馆
CHANGSHA MUSEUM
长沙规划展示馆
CHANGSHA PLANNING EXHIBITION HALL

# 河源城市图书馆

设计时间：2005 年
竣工时间：2008 年
建筑规模：26199 m²
主创人员：陶郅 宋振宇 凌淑萍 邓寿朋 等

河源城市图书馆采用“内分外合、化整为零”的手法，将建筑分解成四个部分，并用开敞的连廊将其联系起来，一方面解决了分期开发的问题，另一方面恰当地和山水环境融合，同时也为校园的多条景观轴线保留了通廊。

1. 立于河源

河源市是一个有着 2200 多年历史的客家古邑，体现客家文化的开放包容是本项目的设计目标。受河源经济发展水平制约，校方严格控制工程造价，并要求运营成本合理降低，因此，运用当地适宜的技术建造生态图书馆是本项目的设计原则。

2. 源于气候

河源地区是典型的岭南地区湿热气候。设计中充分挖掘场地的生态要素：日照强烈、通风流畅、植被良好、水面紧邻等特点，积极合理利用各种防热、除湿措施以适应岭南湿热气候，节约能源。

（1）设置热缓冲层

结合门厅和休息厅在南向布置了三个两层通高的绿化边庭，其物理功能及内涵较之传统建筑中央部位的中庭要丰富，也更适于岭南湿热气候。在春秋季节，室内和室外保持良好的空气流通，有效的改善室内的小气候。在夏天，边庭南边的百页遮阳板能有效的遮挡直射阳光，使边庭成为一个凉爽的灰空间。

为了避免过大的窗户产生的眩光，我们设计了均匀排列的竖向长窗，并设置了横向和竖向组合的遮阳板，形成了深凹窗洞的效果，窗中的水平遮阳板还起到反光板的作用。在西向设计了一面大尺度的防晒墙，防晒墙与建筑脱开，在夏季与过渡季节，可以遮挡西边的直射阳光。同时防晒墙与主体之间的空隙（3m 宽）还有利于室内空气的流通（拔风作用 ）。西立面墙脚侧设置了浅水池，在夏季，西晒时间长，立面温度高，利用水池中水分的蒸发带走墙面的部分热量，被动降温，减少墙体对室内的辐射热。

架空“天棚”的设计是热缓冲层的另一个重要体现，在夏季其对于屋顶的热缓冲作用是十分明显的，我们设计了一系列的百叶遮蔽直射阳光，通过架空层的空气流动迅速带走热量，降低屋顶表面的温度。同时，屋顶的框架也为图书馆以后架设太阳能板作了准备。

（2）运用自然能源

设计中对自然光照明作了充分的考虑，将阅览室的阅读区进深控制在 7.5m 以内，以期达到在非阴天全部为自然光照明的要求。

结合岭南地区季候风的特点，加强对自然通风的利用。在规划上将建筑体量化整为零，同时组织风廊风道。注重阅览空间南北向窗的对位关系，利于组织风压通风。实际使用效果表明，建筑内外部通风情况令人满意，在夏天大部分时间可以不使用空调。

3. 融于山水

建筑与基地的良好结合，避免了施工过程的填挖，减少了土石方量的运输，既节约了建设成本，又保留了基地的植被和起伏的形态，顺应地形，依山傍水。同时，结合地形高差的立体设计也有利于图书馆多条流线的组织：图书馆的展示、后勤、办公入口放在首层，图书馆的主入口放在二层，使学生人流与管理人流和业务人流、书籍货流相对脱开，提高了图书馆空间的开放性，同时，也将西面校园广场的人流自然地引导到东面生态公园里。

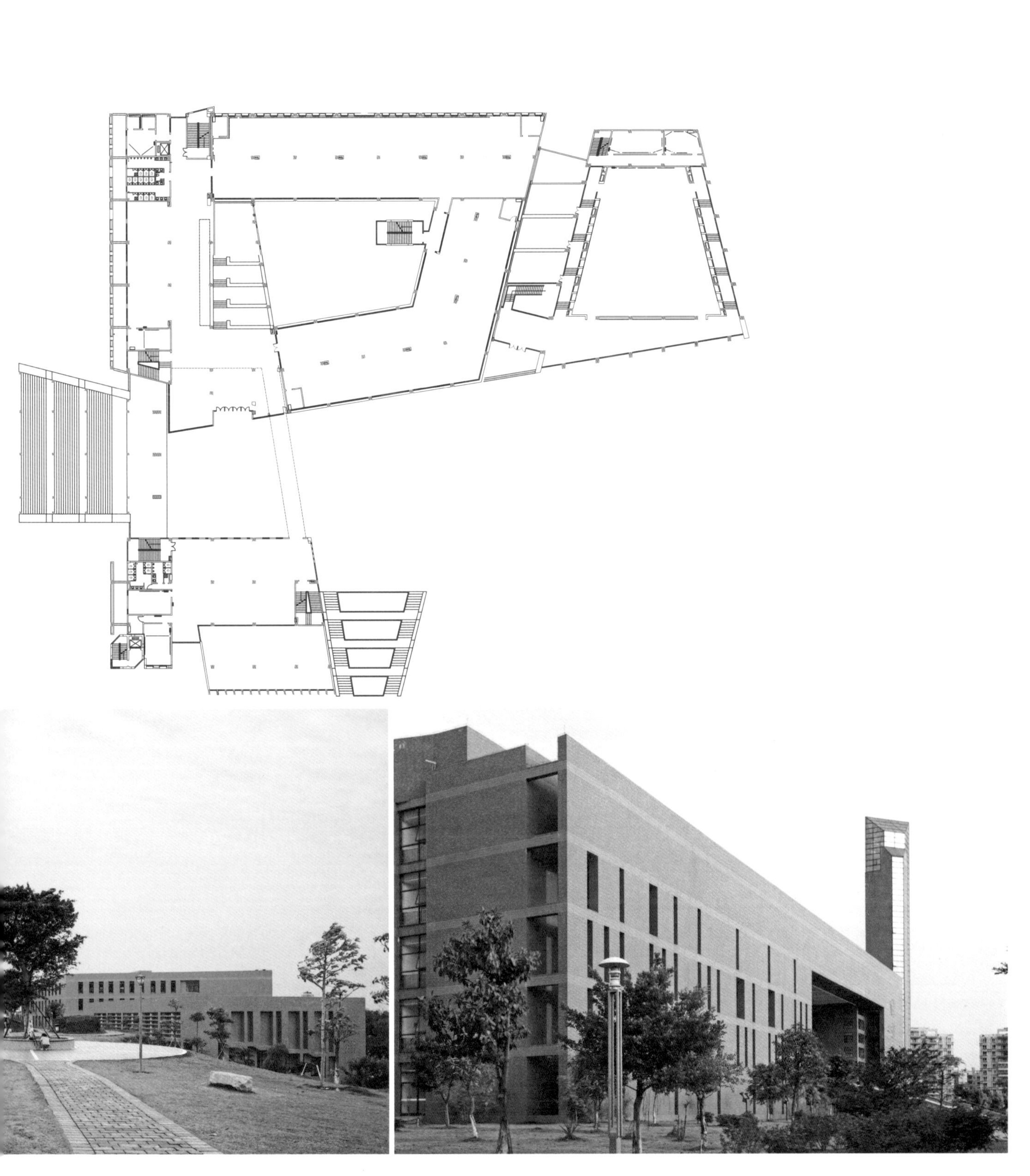

# 南京工程学院图书馆

设计时间：2005 年
竣工时间：2007 年
建筑规模：38500 $m^2$
所获奖项：全国优秀工程勘察设计行业奖评选建筑工程二等奖
中国国际室内设计双年展铜奖
主创人员：陶郅 邓寿朋 柏小利 陈天宁 等

南京工程学院图书信息中心在校园总体规划中位于整个校园的中心地带，邻近天印湖，处于礼仪性入口与功能性入口轴线的交汇点上，地位十分突出。

1. 设计构思源于图书馆的“叠书”

建筑如一堆随意堆放的书籍，层层叠叠，从任何角度看上去都有强烈的形体变化和虚实对比，建筑强调造型的整体感与雕塑感，向各个方向提供欣赏的角度，很好的满足了校园总体规划各轴线空间的要求。使建筑形态既充满个性又积极配合整体环境秩序。

丰富的建筑立面不仅仅是提供构造或功能的必要表达，更是要展示出一个信息或者使自身成为当代媒介中的一支。以“叠书”为出发点的构思，以现代抽象手法隐喻了图书馆的建筑性质，各个方向的入口台阶暗示“书山”有路勤为径。

2. 灰空间强调建筑与环境的共生关系

错落有致的悬挑体块产生出丰富的室内外过渡空间，各种灰度的空间，淡化了建筑内外部的界限，使两者成为一个有机的整体，将建筑与自然环境转化为共生关系。多层次的露台提供了立体绿化和室外阅读的可能性，让同学们在学习之余又有更多的交流和休息的场所，使建筑具有开放性，建筑与自然融为一体。空间的连贯消除了内外空间的隔阂，为读者提供一种自然有机的整体感觉。

3. 建筑材料表达建筑的地域文化特点

外墙主体采用灰色干挂石，延续城市与校园已有建筑的格调，该设计源于南京市在国民政府时期形成的灰调建筑。建筑表面局部做凹点肌理，在阳光的照射下金属片与灰色墙体形成质感与肌理的变化。局部为仿木遮阳窗格，独具特色，源于江南古建筑中的窗格，是固定遮阳系统，在建筑局部形成了双层的表皮系统，构成精美的表皮肌理，使建筑呈现出既有传统文化意味又有时代感的整体建筑形象。

4. 内部空间顺应现代图书馆开放性趋势

以内部中庭空间为核心，将藏阅一体化的阅览室通过竖向的交通和扩大的走廊有机的组织在中庭两侧。中庭局部扩大，形成自由的空间形态。这一部分的建筑空间呈现出一种灰度、复合的状态，可由使用者根据需要自行分隔。中庭与室外的内庭院空间互为景观，相映成趣。

5. 节能新技术应用

本工程列入 2006 年南京市低能耗建筑试点工程（宁墙办 2006-010 号），财政部与建设部 2007 年“可再生能源建筑应用示范项目”（财建 2007-002 号）。

本项目利用邻近天印湖的水体热容量作为可再生能源，采用闭式地表水地源热泵空调技术，与空气源热泵型冷热水机组相比，可以显著减少能耗与空调系统运行费用（节省 40%左右），系统故障率与维护工作量明显减少，冬季的供暖效果也大大改善，技术上处于国内领先水平，为开展地表水可再生能源的开发利用积累经验。

本项目针对复杂的建筑外形，研究节能计算软件适宜的算法，通过采用浅表水源热泵技术提高空调系统能效、调整外围护结构保温隔热措施，实现公共建筑综合节能 65%，达到国内先进水平，成为国内夏热冬冷地区的节能示范性公共建筑。

文博苑·逸夫图书信息中心

文博苑·逸夫图书信息中心
Wenbo Park Yifu Library & Information Centre

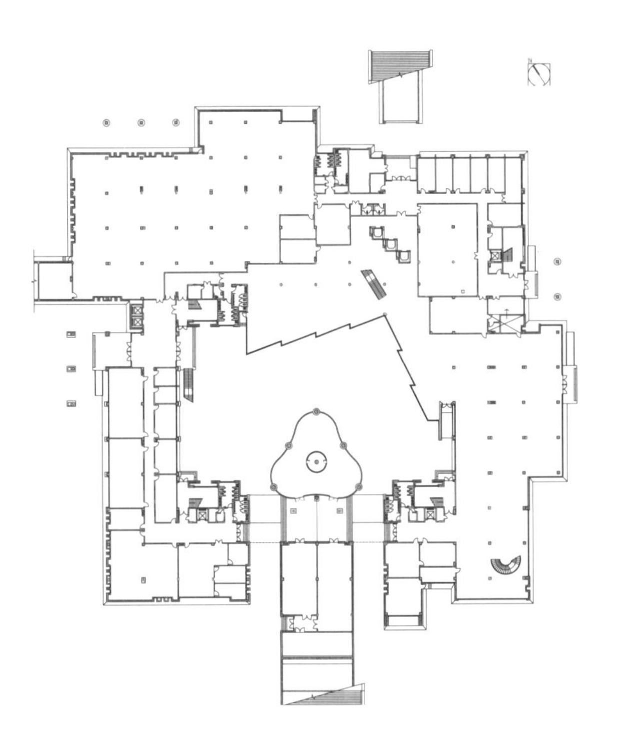

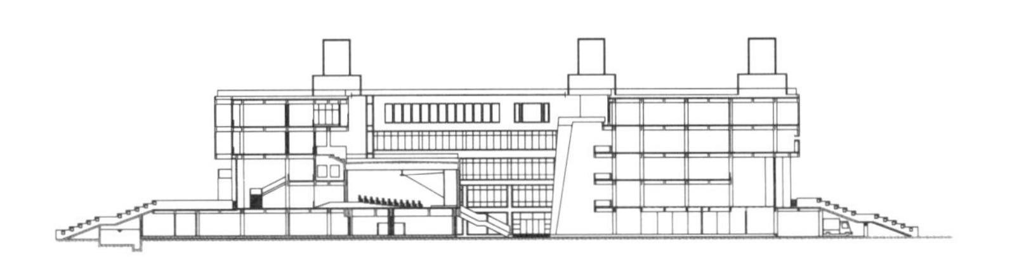

# 河源广播电视中心

设计时间：2006 年
竣工时间：2009 年
建筑规模：16800 $m^2$
主创人员：陶郅 陈向荣 邓寿朋 等

高效性和个性是本方案的两个基本出发点，媒体传播在社会中的影响和作用越来越重要，作为媒体传播载体的广播电视中心，其设计应该体现出信息高效汇聚和传播的特点。通过各种功能、流线的合理组合，建筑在整体使用和管理中达到快捷和高效。从城市设计的角度入手，通过建筑的退让与侧转来化解基地内部高差和朝向带来的不利影响，并与周边建筑关系取得呼应，通过建筑形体的交错、穿插、咬合，构成独特的空间形态，表现其独有的建筑个性和时代感。外墙采用白色铝板和水平向玻璃，为强化建筑风格，在立面上设置了横向金属遮阳百叶，并呈折形以与平面的不规则形相呼应。由于体量分成三块，削弱了入口广场所需要的整体体量感，设计采用化整为零的手法，在三个体量之前设置大面积的玻璃体块，形成通透的广场界面，使整体建筑充满张力。

河源廣播電視中心

# 合肥学院图书馆

设计时间：2006 年
竣工时间：2010 年
建筑规模：41479 $m^2$
获奖情况：2011 年度教育部优秀建筑工程设计二等奖
主创人员：陶郅 陈子坚 郭嘉 等

合肥学院图书馆位于校园的核心区，中轴线的西侧，具有较强的标志性。图书馆南面为贯穿校园的连续水系为图书馆提供了优良的景观条件。

浮岛，是指本方案独特的建筑形态。本方案将环境设计与建筑紧密结合，图书馆面向景观带的南面采用了大架空的设计，将优美的环境引入建筑之中，同时在架空层内容纳了便利商店、书店、书吧、展厅等空间，通过架空层庭院组织成一个综合的校园观光休闲区，可举办书展、读书沙龙等多种活动。最终，室内的观光休闲区与室外的草坡、水体、园林融为一体，不单为图书馆也为全校提供了一个容纳师生各种活动的多义性空间，使图书馆真正成为校园生活的中心。同时，图书馆二层大厅南面为通透的设计，通过几个平缓的屋面草坡与优美的景观产生联系，使内部环境十分生动，读者的活动空间大大扩展，读书的地点也不再限定于室内的固定阅览座。其远观效果，图书馆就如同一个浮在水面和草坡上的浮岛一般，草坡上是各种读书和休息的人群，景观非常独特。

书院，是中国传统建筑的代表，也是安徽十分著名的建筑文化遗产。本方案将传统书院的文化精髓结合到现代的图书馆形式中，以此表达对地域与历史文化的继承。围院是书院建筑的典型空间，也是书院组织功能的主要方式，传统的书院是通过平面上不断生长的四合院来组织功能。本方案以立体的层层叠加古代书院的“四合院”的序列方式重现了这种传统空间形式，图书馆的 2 ~ 5 层平面均以庭院的方式来组织，各个阅览室、自习室等功能围绕一个 52m × 30m 的庭院布置。庭院的空间有别于一般的中庭，庭院的界面自下而上层层退台，平台上栽种绿化形成一个立体空中花园，每一层均有室外的活动平台，就如同古代读书人在书院的庭院里读书一样，各层的读者都可以体验到在室外树荫下阅读的惬意，而不是像大量传统图书馆一样需要局限在室内阅读。

传统的书院以“善美同意”作为标准，追求的是朴素实用之美。本工程也以此为设计目标，以简洁的平面布局来解决复杂功能的需要；以丰富的细部而不是夸张的造型与华丽的材料来显示建筑的个性；以开敞的庭院来组织数万平方米的巨大建筑，使整个建筑均可以自然通风采光，节约投资与能耗。

为了避免过于庞大的体量对学校相对紧张的用地和 9 层教学主大楼造成压迫感，图书馆通过体块的组合、细部的变化来达到创新的效果。立面设计的概念采用了中国传统窗格的形象，创造出独一无二的建筑形象。层层的外窗连续而富有变化，在凹凸之间产生一些供读者室外休息或者接电话的小阳台，外墙采用白色加灰色外墙砖，整体立面朴实却富有新意，具有德国建筑的严谨而又活泼的风格，并且不与国内任何图书馆产生雷同。图书馆避免采用大面积幕墙的做法，因此，在保证通风、采光的同时又极大地节约了造价。由于庭院、大量可开启外窗等设置有效地保证了图书馆的通风采光，因此，除局部外大量空间无需采用空调系统，极大地节约了投资造价以及运营成本。

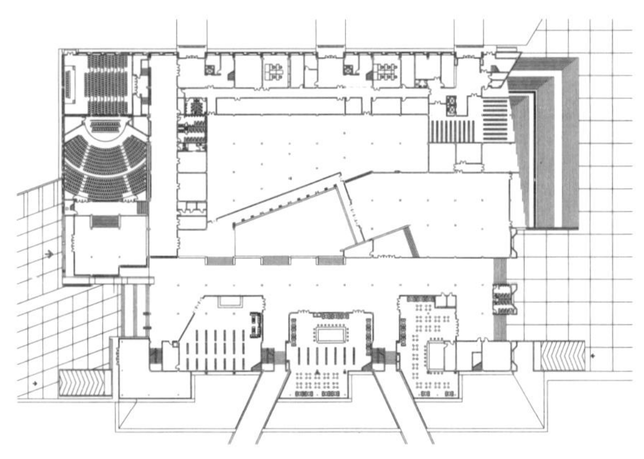

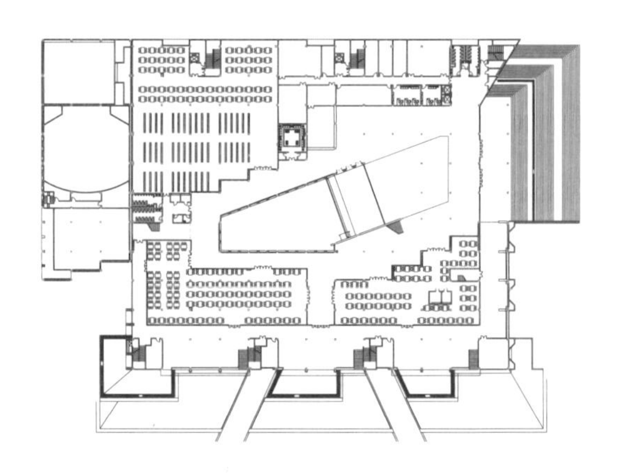

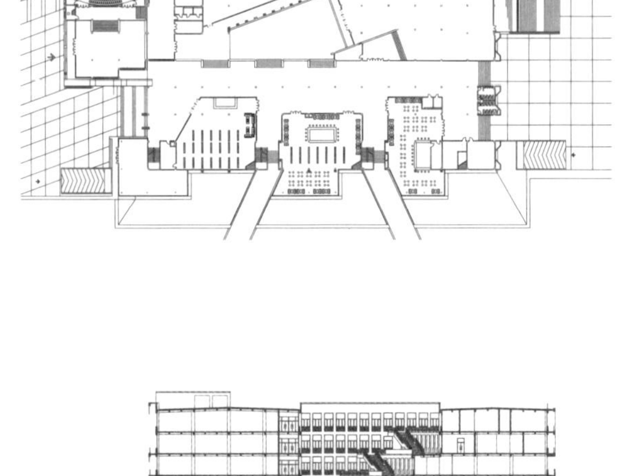

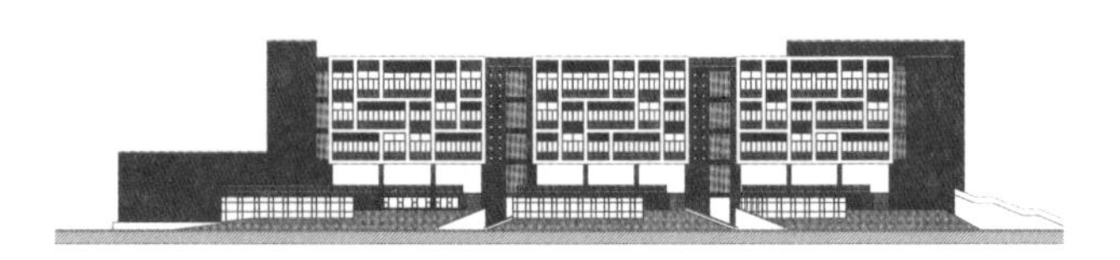

# 河海大学综合体育馆

设计时间：2009 年
竣工时间：2012 年
建筑规模：22100 $m^2$
获奖情况：2013 年度教育部优秀建筑工程设计三等奖
主创人员：陶郅 陈子坚 陈坚 郭嘉 等

大学综合体育馆位于南京河海大学江宁校区，项目用地面积 13600$m^2$，总建筑面积 22100$m^2$，建筑高度 25.9m（单层），建筑层数 1-4 层。

本项目，一方面可建设用地为原规划用于体育馆的一片 1.36 万 $m^2$ 场地；另一方面体育馆的规模随学生人数增长需要扩大至 2997 座，同时将一些文娱设施一同建设，包括一个 1100 座剧场、学生活动中心，以及学生文化创业用房等，以提供一个能举办大型集会、体育比赛、学生体育锻炼、文娱活动的综合文体设施。显而易见，对于以单层空间为主、体量 2.2 万 $m^2$ 的综合体育馆来说，用地捉襟见肘。

设计根据现场条件，没有将各个场馆分别独立设计，而是引入了综合体的设计概念，将所有内容作为一个整体进行考虑，将可以互补共用的功能区共享使用，将不同的功能单元按照各自的特点相互联系，构成一个有机的整体。

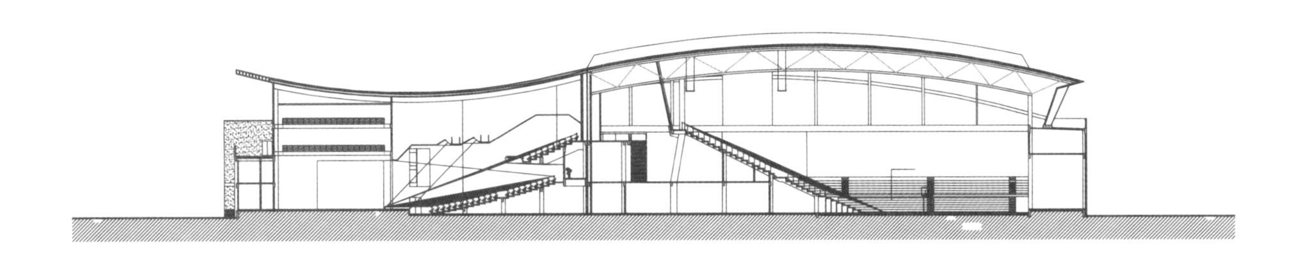

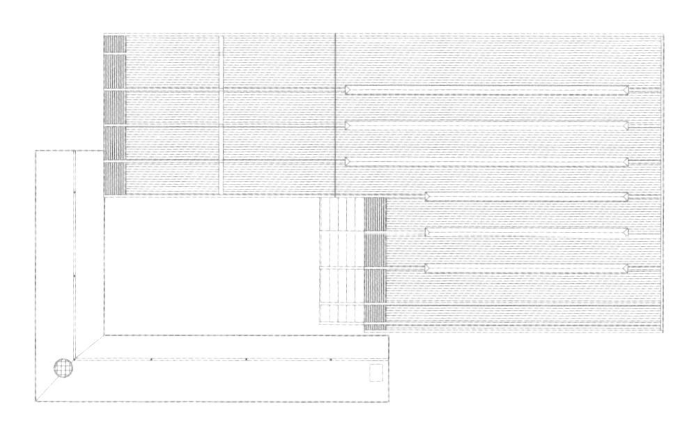

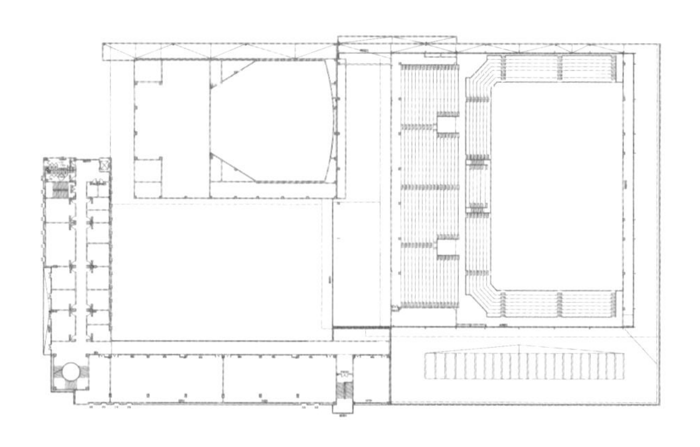

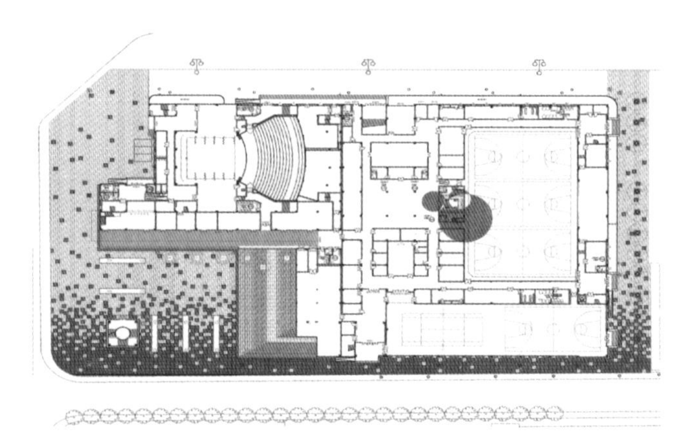

# 福建工程学院新校区图书馆

设计时间：2010 年
竣工时间：2012 年
建筑规模：38000 m$^2$
所获奖项：全国工程建设项目优秀设计成果二等奖
主创人员：陶郅 杨勐 吕英瑾 郭远翔 陈欣燕 黄晓峰 张毅 等

项目位于福建工程学院新校区中轴线的东侧，是整个校园的中心地带，地位突出。西侧为校园中心区的景观湖，北侧远眺旗山湖，南侧与计算机楼隔水相望，周边环境十分优越。图书馆西侧的广场是学生的主要来向，围绕图书馆北侧和东侧的校园环路是馆内工作人员、教师、校外来访人员的路线，图书馆以此为依据试图处理好规划区域内的总体环境，以形成完整、和谐、温馨、高雅的学术交流空间。

图书馆多个体块穿插咬合，虚实对比，体现了图书馆的学术性质和大气风格。建筑形态整洁有序，并通过体块的凹凸和错落，形成丰富的韵律感。整体式的布局依然保证了主要功能用房的朝向为南北向。建筑物的塔楼坐镇中央核心地区，环廊包围裙楼各体块，使整个建筑群体充满凝聚力。

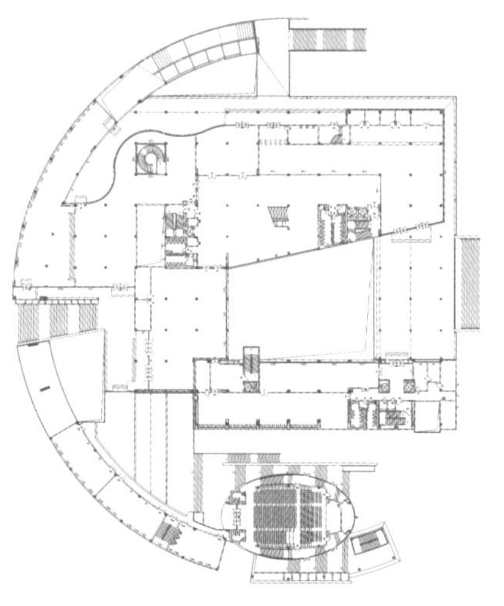

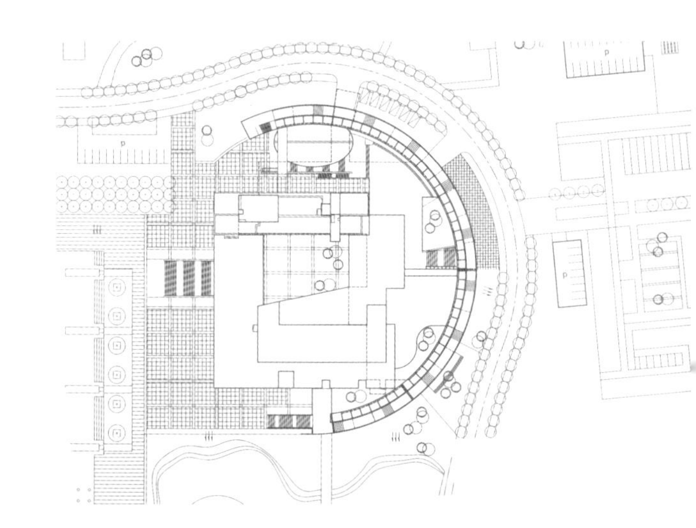

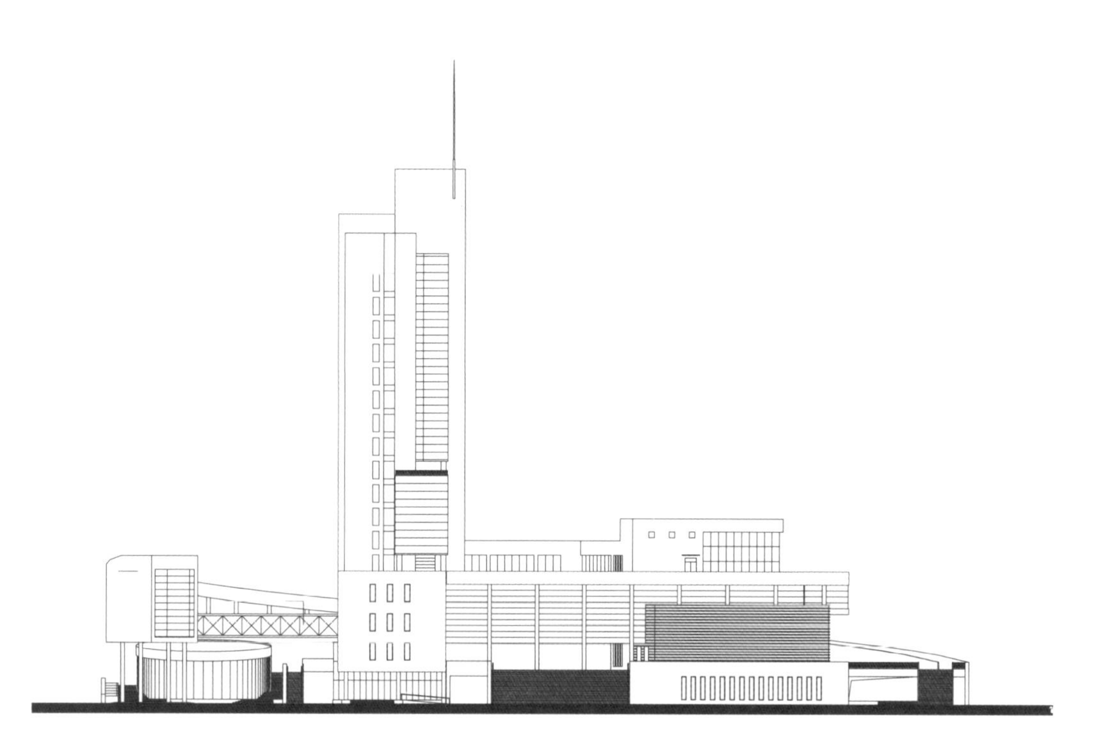

# 武汉理工大学南湖校区图书馆

设计时间：2010 年
竣工时间：2016 年
建筑规模：47557.6m$^2$
获奖情况：2016 年中国建筑学会建筑创作奖银奖（公共建筑类）
2017 年度教育部优秀勘察设计优秀建筑工程类一等奖
2017 年度全国优秀工程勘察设计奖一等奖
主创人员：陶郅 郭钦恩 陈健生 陈子坚 柳一心 王学峰 黄晓峰 王钊
舒宣武 陈卓伦 陈天宁 陈向荣 伍尚仁 曹小梅 李博勰
刘伟庆 邓寿朋 侯雅静 祖延龙 等

武汉理工大学南湖校区图书馆主要功能包括图书馆和校史展览馆。藏书量约 224 万册，层数为地上 11 层，地下 1 层，建筑高度为 55.2m。

1. 楚风汉韵

（1）筑楚台

图书馆位于平坦宽阔的轴线中心，是整个校园的标志性建筑。为避免校园中心广场因尺度过大而显得冷漠，建筑必须有足够大的体量创造具有控制力的广场界面，以弥补周边建筑体量偏小的不足，完善中心广场的构图，强化轴线空间序列的限定，从而提升校园空间领域感。因此，设计将首层设计为基座——五级的叠层绿化，图书馆主体建筑立于高台之上，力图以书山之势为学校创造庄重大气而具有凝聚感的图书馆。

（2）传统木构件的现代演绎

“楚人尚赤”，因此，设计尝试在建筑整体白色基调的基础上对入口斗拱构架、东西立面金属篆书遮阳板、室外灯笼等重点部位施以近似木色的“红”，以此唤起人们对楚文化的共鸣。图书馆主入口通过对传统斗拱排架的拆分和重组，以钢结构的构架演绎传统木构的形态。东西立面覆以木色金属板，并将校园历史通过抽象篆书文字镂刻之上。

2. 书山绿谷

针对武汉的气候特点，设计提取传统院落的精粹，以立体庭院的方式争取最大限度的自然通风采光，同时将绿化往上延伸，形成舒适、静雅、健康的绿色环境。玻璃中庭悬挂绿色垂幔，不仅形成对直射阳光的有效遮挡，也营造出绿意盎然的立体文化中庭。

在首层基座跌台绿化设置雾喷，解决绿化的浇灌问题，也极大地改善了图书馆建筑的微气候。南侧设置水院和喷水，夏季可将经冷却的南风引导至建筑室内，强化自然通风。

## 设计故事

武汉理工大学图书馆的设计过程整体而言算是十分顺利的，甲方十分尊重陶郅的设计和理念，但是由于整个工程预算比较紧张，甲方曾经想过简化处理一些细节，然而陶郅十分坚持对于作品细节品质的追求，也多次到项目现场与甲方进行深入沟通，最终也得到了甲方的肯定和支持。对于建筑师与甲方的关系，曾有不少人戏言是“互相折磨”的状态，但陶郅却和许多项目甲方成了惺惺相惜的君子之交，甲方感佩于他卓越的设计才华，而陶郅也十分感谢甲方对他的理解与尊重。

在积累了十几座图书馆设计经验后的陶郅，申报了国家自然科学基金课题“大学图书馆低能耗建筑设计策略研究”，并将他对于绿色建筑的思考与创新运用到了武汉理工大学图书馆的设计之中，包括绿化雾喷、降温水庭、中庭垂缦、立面遮阳等一系列措施，在夏热冬冷的武汉为学子们营造了一个绿色节能又健康舒适的读书环境。

武汉理工大学图书馆是在 2008 年陶郅大病之后，首战告捷的一个比较重要的项目。从最初的方案到最后的施工图都比较完整地贯彻了他全部的设计思想，而这个作品也代表性地展示了陶郅深入挖掘项目内在文化精神，将传统笔墨进行现代演绎的深厚功底。

圖書館

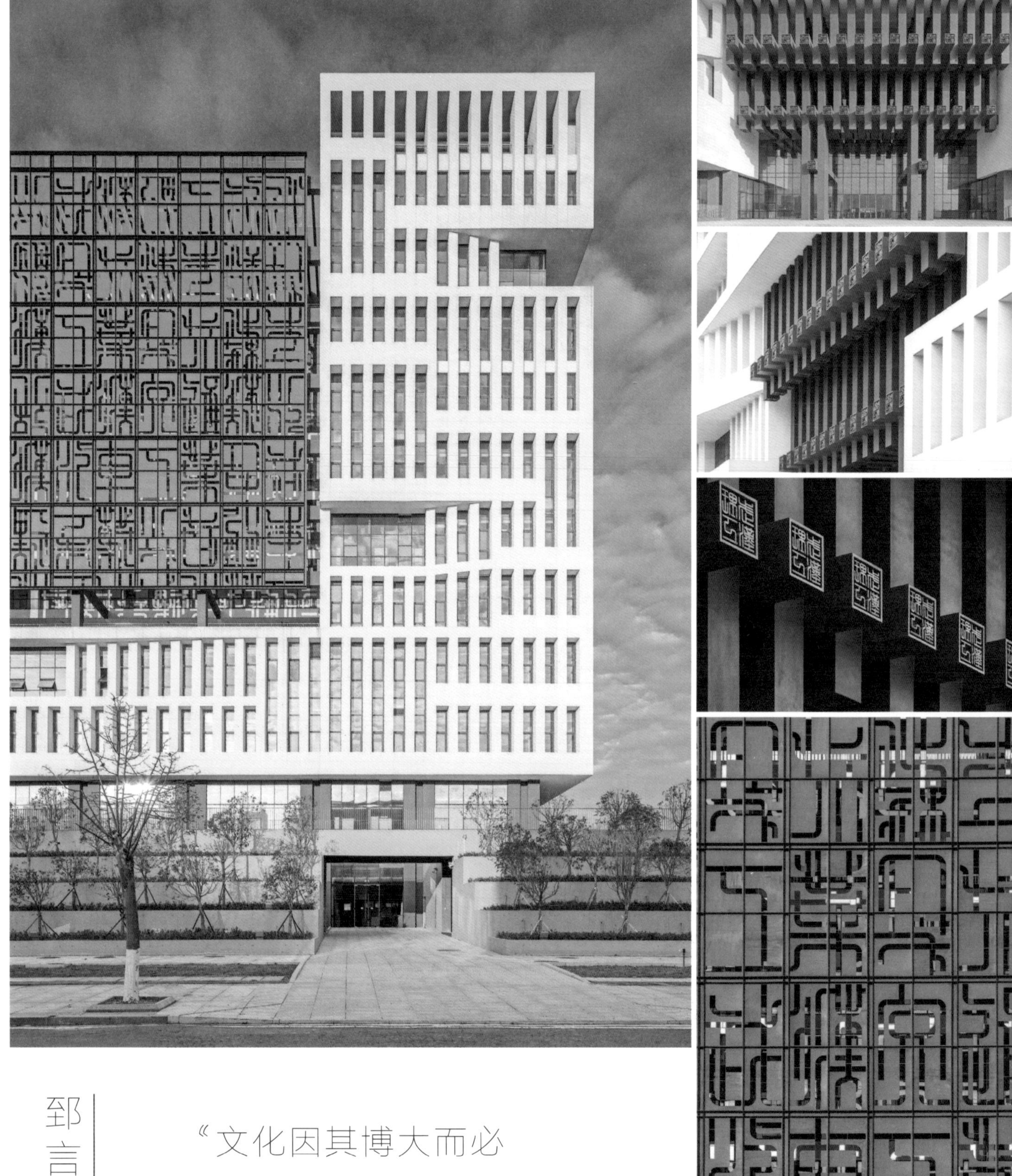

郅言郅语

“文化因其博大而必定成为丰富建筑师创造力的源泉。”

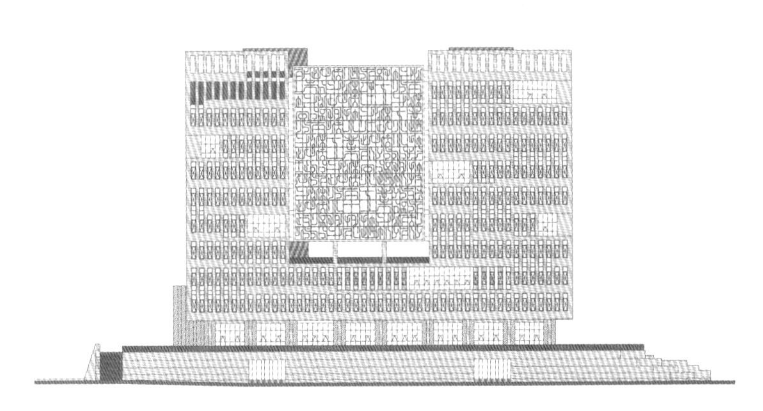
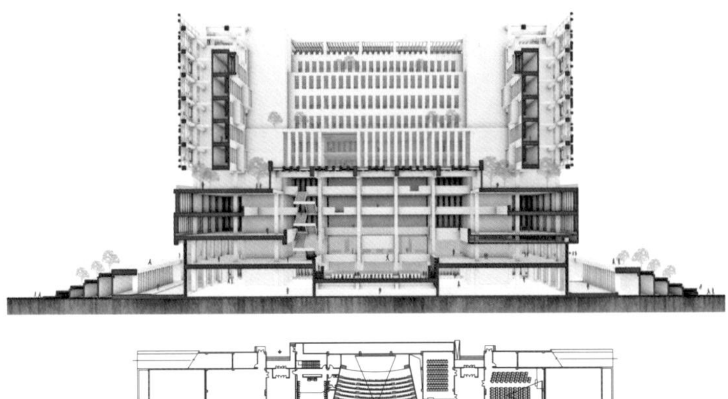
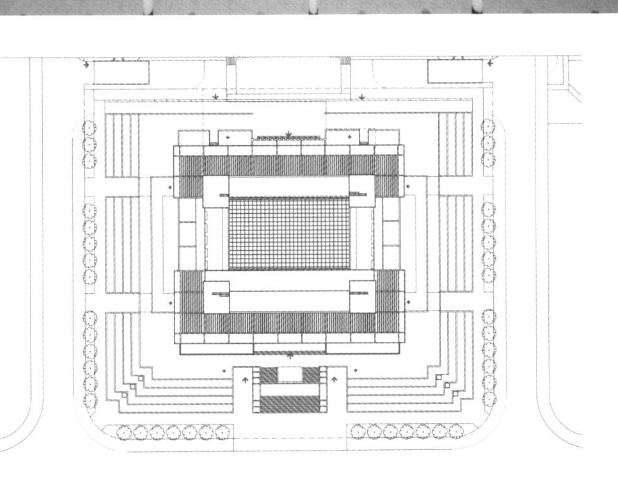
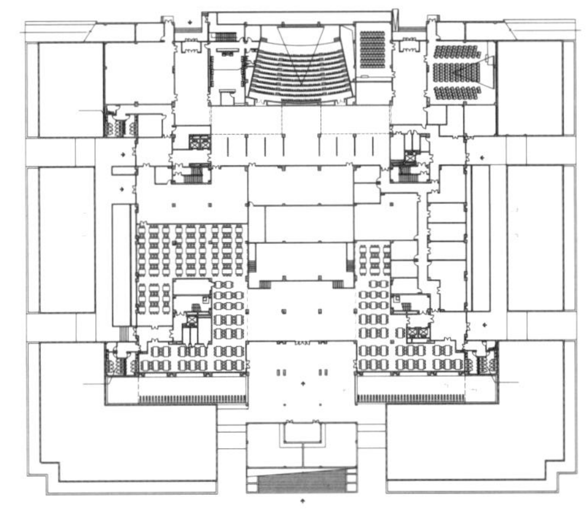

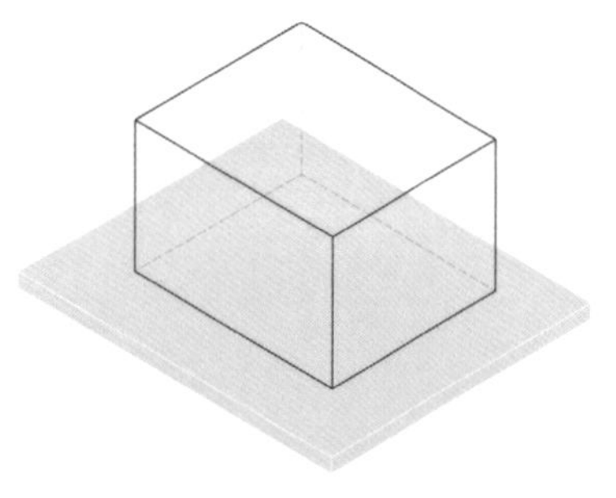

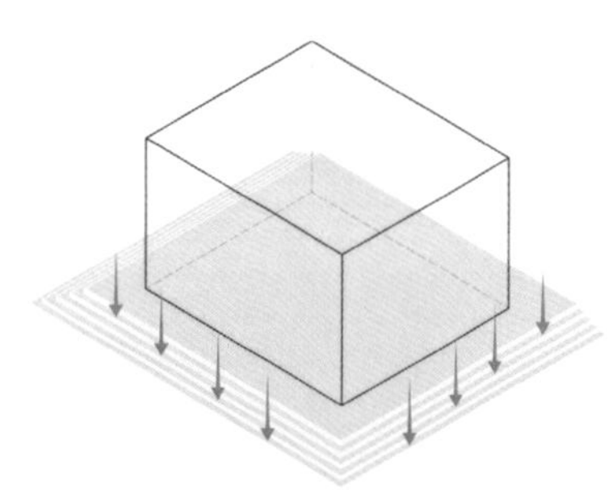

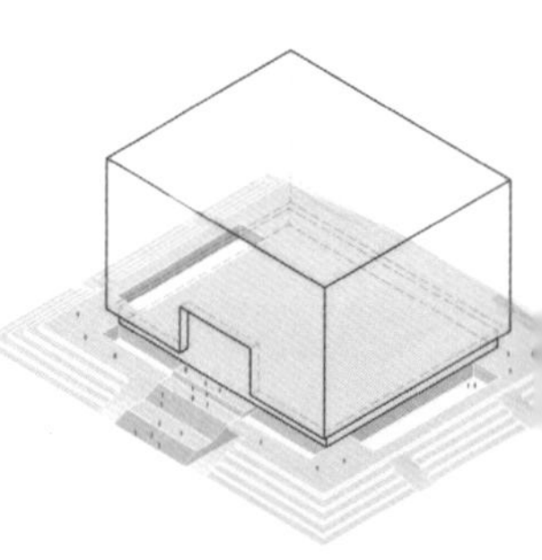

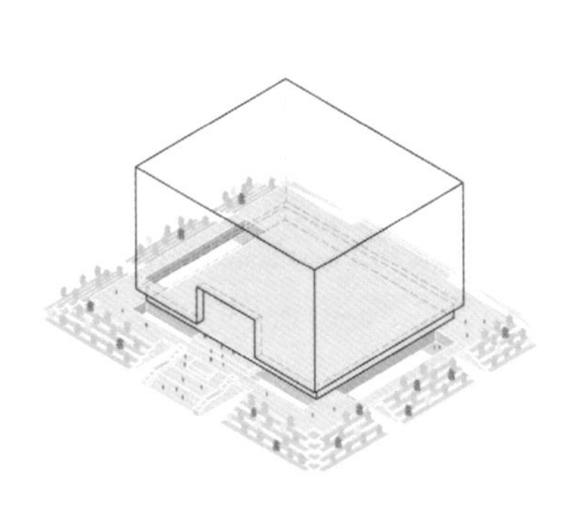

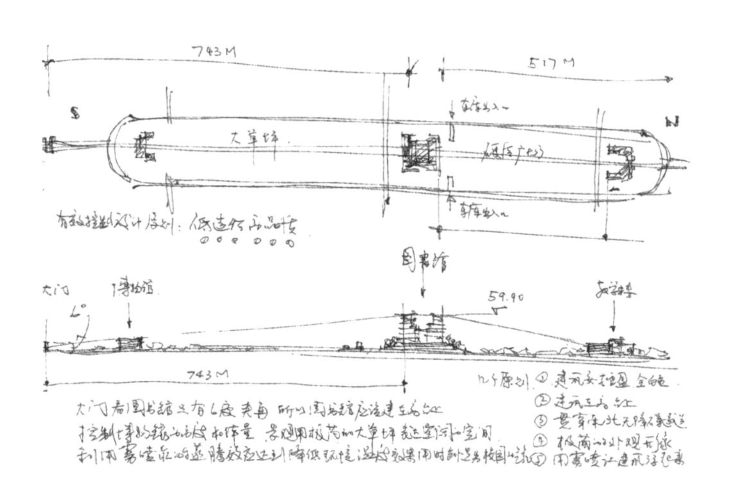

# 太原师范学院新校区规划及单体设计

设计时间：2011 年
竣工时间：2021 年
建筑规模：55 万 $m^2$
主创人员：陶郅 陈子坚 郭嘉 杜宇健 等

新校区用地面积为 106.2$hm^2$（1593 亩），预计容纳学生 2 万人，总建筑面积为 55 万 $m^2$。

1. 历史与文化

校园的总体规划借鉴了中国的书院传统，传承了山西深邃的建筑布局文化，同时融入信息化、生态化、地域化、可持续发展等现代大学规划理念，使校园的整体规划既沿承历史文脉，又具有现代风采。

①轴线。规划沿用了中国古代传统的布局方式，整体采用了轴线结构，体现学院的理性和秩序。前广场、中心大桥、核心广场、图书馆的轴线关系既是传统布局方式的延续，更是联系南北两块用地的纽带。

②书院规划设计了多个簇群式的书院组团，每个组团由一个或多个院系组成，沿东西向依次展开，并由人行绿化走廊串连，茂密的树林及生态园林绿化如同支状渗入书院内部，并有效地分隔了各个组团的互相干扰。

2. 地形与景观

校园南区建筑采用散点式布局，强调公园化、生态化，与城市规划相适应。校园主入口犹如隐藏在绿化之中。校园北区强调簇群式、书院式的密集式布局，以满足建筑规模的要求。

本规划把地形与景观设计紧密联系起来，把行洪渠设计为校园的主要景观，行洪渠既可蓄水成为蜿蜒水道，也可利用低洼地形形成湿地绿化和卵石滩景观。同时，在土方平衡的基础上，把原地形的沟壑改为缓草坡，与行洪渠共同构筑校园的中心景观。校园南区草坡采用自然方式处理，与南区建筑的散点式布、生态化布局相呼应。校园北区草坡则通过设置休闲活动平台等人工景观的方式设计，与北区的建筑形态相呼应，做到地形—景观—建筑相互协调。

3. 生活即教育

“生活即教育”是陶行知先生生活教育理论的核心。教育和生活是同一过程，教育含于生活之中，因此，校园规划，就是提供一个优美的生活环境的规划。

规划的格局是通过理性的轴线和尺度网络控制，并叠加行洪渠和草坡的山水脉络，形成“理性 + 浪漫”的校园格局。行洪渠及草坡的生态改造，形成不同于其他院校的诗意化景观。另外，局部的园林景观，规划种植大量季节性互补的树木，呈支状渗透到教学区的内部，形成开放性的景观，既大大改善校园的生态环境，又为师生提供良好的休息、读书空间。整个校园的建筑点缀在绿海、碧湖之间，形成真正的花园式现代书院环境。

4. 整体建筑风格

古代书院建筑以“善美同意”作为标准，追求的是朴素实用之美。建筑的形体延续北方的传统空间特色，并与地域文化产生对话，形成广场、园林路、学术街、方院等别具特色的空间群落，强化了校园的现代感和人文精神。

建筑采用平坡屋面相结合的方式，外墙采用灰色劈离砖，整体感觉素雅宜人，既传承中国的历史文化，又体现现代气息。结合山西的气候特点，建筑立面大面积为实墙，窗户设置考虑保温的要求。

# 厦门医学院校园规划

设计时间：2011—2013 年
竣工时间：2016 年
建筑规模：19.43 万 $m^2$
主创人员：陶郅 郭嘉 杜宇建 陈坚 王黎 陈子坚 陈天宁 等

1. 设计理念

嘉庚风格、双向轴网、因地就势、小中见大。校区的规划摈弃兵营式布局的传统手法，通过各放射形的景观轴线，将湖面及其开敞空间引申到各个功能区块，加强了学校核心区的辐射功能。校园各个空间宛如浑然天成，有机融合，形成一个既统一和谐又科学合理的功能布局体系。规划因地就势地将中部水塘利用为湖面，环绕布置教学建筑，构成一湖三岸的花园式格局。湖面虽然不大，但是为校园提供了呼吸的开敞空间，创造了无穷尽的环绕式小中见大的花园环境。南北校区通过立体分层、人车分流，形成由生活区的生活内街—环形架空廊—二层过街平台—教学实训区的环湖散步道—各轴向景观步道组成的连续而完整的舒适绿化步行空间。

2. 技术难点

由于地处嘉庚风格的集美区，而且用地呈与正南北朝向 45° 夹角的主朝向，如何将两者巧妙结合，形成新校区的规划特色，是本项目重点考虑的出发点。方案采用多轴线控制及双轴网系统的统筹设计，使整个校区融为一个紧密的整体，各个功能区域既独立发展，又统一由核心空间所控制，形成紧密而适度松散的关系。同时，通过对嘉庚风格的认真研究解读，利用嘉庚风格屋面飞檐起翘的特点，通过双向轴网使屋面轮廓线进一步叠加、转向，使建筑产生灵动、多变、轻巧、舒展的多角度的建筑视觉效果，并照顾了南北向的采光通风。规划的组合手段升华了传统建筑的现代意向，形成诗意化的校园环境，体现了校园的个性化特征，深得师生喜爱。

3. 技术创新

本次规划采用“双向轴网 + 嘉庚风格”的现代演绎手法，创新性地解决了用地非正南北布局以及嘉庚区传统风格继承与发扬的技术难点。规划由严谨秩序的建筑形态与婉转灵透的绿色生态环境共同叠加营造，形成园林化、现代化的新型大学校园空间。建筑单元随丘陵起伏，形成丰富的天际轮廓线；利用原有水池形成的一湾碧湖创造了丰富的一湖三岸的亲水核心空间。规划布局的建筑造型将西方实用的建筑形式与中国传统的营造技法有机地糅合在一起，形成了西式屋身和嘉庚屋顶相结合的建筑形式，既传承嘉庚建筑风格的精髓与意韵，又体现现代气息，从而塑造大气典雅的校园形象。双轴网生成丰富的多角度的建筑视觉效果，也使规模不大的校园小中见大，回味无尽。

水深危险
请勿嬉水

# 合肥工业大学宣城校区总体规划

设计时间：2012年
竣工时间：2016年
建筑规模：609400 m²，其中：一期建筑面积：196150 m²
二期建筑面积：205350 m²，三期建筑面积：207900 m²
获奖情况：2017年度教育部优秀勘察设计优秀规划设计一等奖
主创人员：陶郅 郭嘉 陈子坚 郭钦恩 谌珂 陈向荣 陈昌勇 魏成
杜宇健 王黎 黄晓峰 肖静芳 等

1. 三山四水，岛翠墨香

方案通过依山就势的生态布局来表达一个现代高校与水转山绕的自然格局、人文荟萃的地方传统相结合的诗意画面，在山体水系的基础上，形成了“三山四水，岛翠墨香”的独特格局，山成为校园的背景和绿肺，水系及其滨水区域则为整个校园景观及活动中心。

2. 簇群式岛状组团

建筑群体以顺应、环绕的姿态，强化了基地优美的地表特征。而岛状组团之间冲沟又将背景山麓的自然景色强有力地渗透到校园中心，保持了生态景观的连续性。

3. 理性脉络叠加山水肌理

方案通过理性的分析与推敲，叠加了有机的空间架构关系，将有序的建筑融入有机的大自然。方案建立了东西和南北两条轴线，控制了整个校园的序列格局；各个区块通过灵活的体量组合，轴线变化，形成了灵活多样的空间体验。

## 设计故事

陶郅祖籍安徽，因此他对徽派建筑的粉墙黛瓦、茂林修竹始终充满了向往。此次合肥工业大学宣城校区就是一次实现他心中徽风古韵情结的好机会，也是展示陶郅诗情才情的一次好机会，他为此次设计创作了一首小诗“三山推出云天外，四水争流入泮池，确是圣人恩泽处，半依山水半依诗”，既是对规划设计的总体概括，也是对徽派水墨意境的独特描写。

郅言郅语

“三山推出云天外，四水争流入泮池，
确是圣人恩泽处，半依山水半依诗。”

# 合肥工业大学宣城校区图书馆

设计时间：2012 年
竣工时间：2019 年
建筑规模：35396 $m^2$
主创人员：陶郅 陈健生 苏铁 李倩 邓寿朋 涂悦 等

图书馆正对校园主大门，位于校园空间轴线的交汇点。设计藏书规模 130 万册。建筑通过创新的连续坡屋面的设计，形成螺旋式连续变化的形体，低处与周边校园建筑相呼应，高处面向校园礼仪广场方向展现挺拔的标志形象。通过现代的设计手法表达出徽派的地域特征，与校园整体建筑风格气韵相合，共同渲染出“岛翠墨香”的画卷。

图书馆结合地形开拓半地下空间作为自习室，通过两层通高的玻璃幕墙沿景观湖展开，达到良好的自然采光通风的效果，并形成通透的观景视面。

建筑平面在传统的中庭式布局的基础上创新设计，利用学术报告厅顶部作为综合服务大厅，四周的阅览空间设置大台阶式跨层空间，从二层开始拾级而上，螺旋贯通，与连续倾斜的建筑屋面吻合呼应，并在六层的屋面花园与之衔接起来。

建筑立面简约而理性，着重突出室内空间特征。阅览空间自然的延伸到错层的室外露台，形成学习、交流、休憩、观景等多功能复合的趣味空间。

郅言郅语

“建筑的现代化与地域化是平行而又交织的两条主线。”

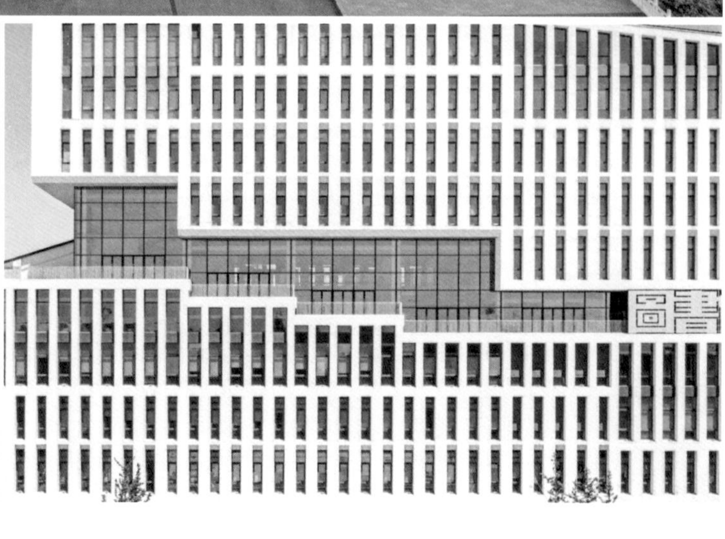

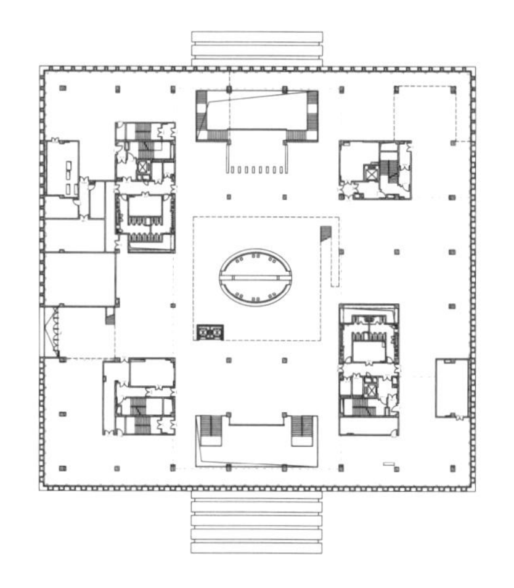

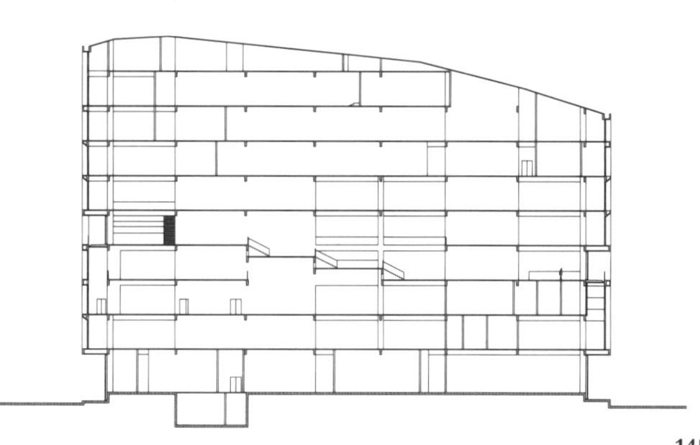

# 合肥工业大学宣城校区二期教学楼

设计时间：2012 年
竣工时间：2014 年
建筑规模：36750 $m^2$
所获奖项：广东省优秀工程勘察设计奖一等奖
全国优秀工程勘察设计行业优秀建筑工程设计一等奖
第八届中国威海国际建筑设计大赛优秀奖
主创人员：陶郅 谌珂 郭钦恩 涂悦 陈韬 孙传伟 赖洪涛 黄晓峰 岑洪金 等

宣城地处安徽省的东南部，以宣纸最为文明，下辖县绩溪，是古徽州六县之一；校园整体风格为带有徽派建筑色彩的现代建筑，而徽派的建筑语言与现代大型教学建筑尺度之间的矛盾便成为这次设计任务中最主要的考量。

二期教学楼，又名新安学堂，位于整个校区的东北部，东侧毗邻学生生活区，总建筑面积 36750$m^2$，比一期更大，试图通过体块的组合化解过大的建筑体量，获得更为宜人的建筑尺度。传统的徽州民居以内天井作为主要空间组合单元，这其中有采光通风的需要，也有古徽州人聚水聚财的寓意。将这种紧凑的布局应用在现代教学建筑上，不但可以解决相对紧张的用地需求，还可以形成一个个较为安静的内院，创造出适合读书学习的环境。二期教学楼项目按照采光通风的要求以南北向为主，东西向为辅串联成四个庭院。北侧的三个庭院，南北向以大教室为主，东西向辅以小教室或走廊，形成三个较为封闭但形态尺度略有不同的院落；西南边的庭院呈 U 字型向西侧的广场打开，向西面一期教学楼呈欢迎之势，引导中心广场的人流进入建筑内部，作为整个建筑的主要出入口。

## 设计故事

陶郅追求完美的性格在合肥工业大学宣城校区二期教学楼的设计中也体现得淋漓尽致。虽然前面几版方案都已经得到甲方的认可，但是陶郅自己始终不满意，仍建议去皖南实地看看徽派民居和当地新建的一些建筑，再修改看看。到后来方案确定下来，施工图几近完成的时候，陶郅突然对外立面又有了新的灵感，马上跟团队沟通，对施工图进行返工修改。最后修改的花格窗投射下来的光影，成了整个建筑最灵动的一笔。

在陶郅的心中有对设计独立的评价标准，而不是只看甲方是否通过；图纸进度不是决定设计进程是否需要终止的标准。没有最好，只有更好，对完美设计的不懈追求才是设计者永恒的目标；对设计的爱不设底线，不惜用自己的一切去完善设计，就是在用自己的生命去做设计。

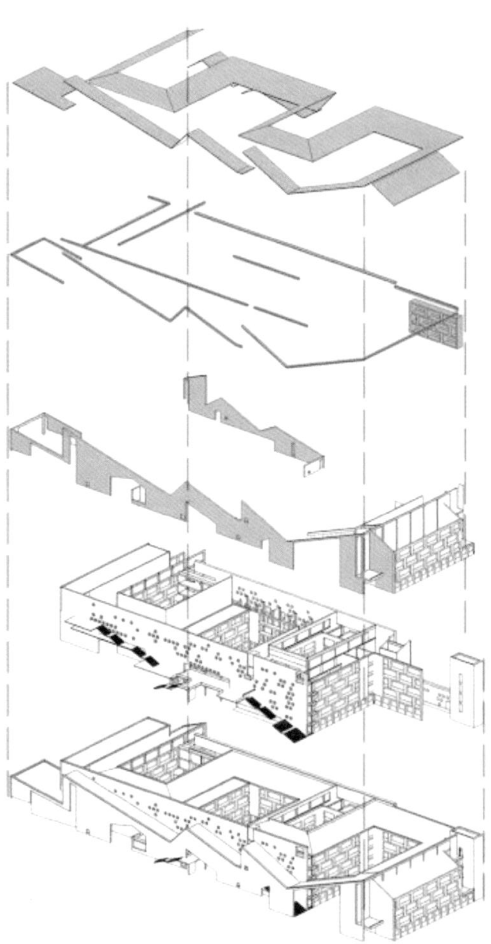

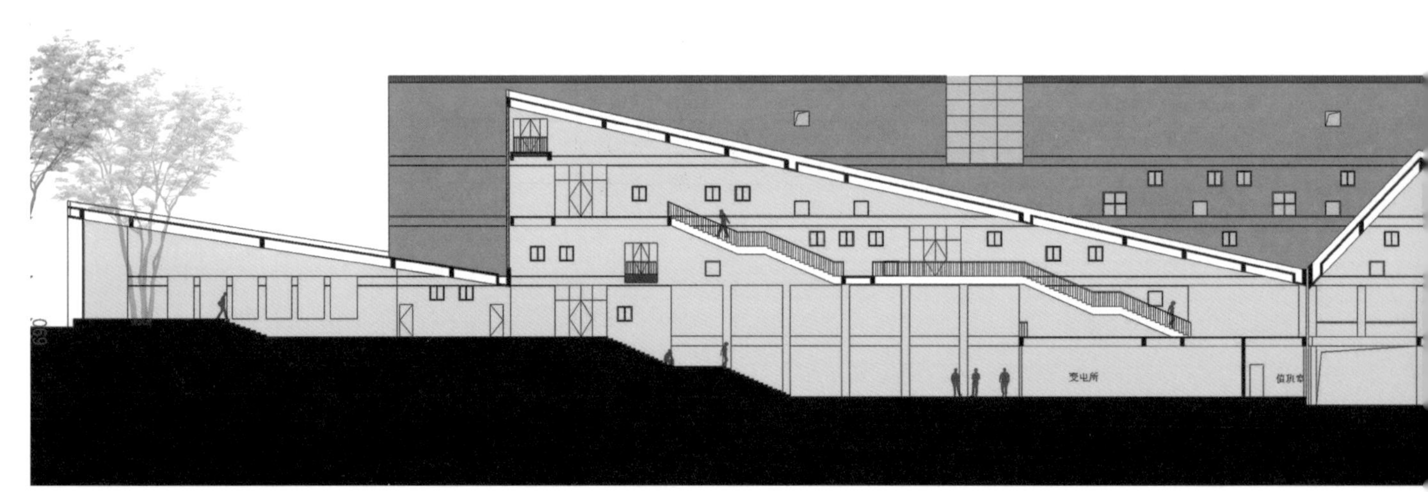
变电所
值班

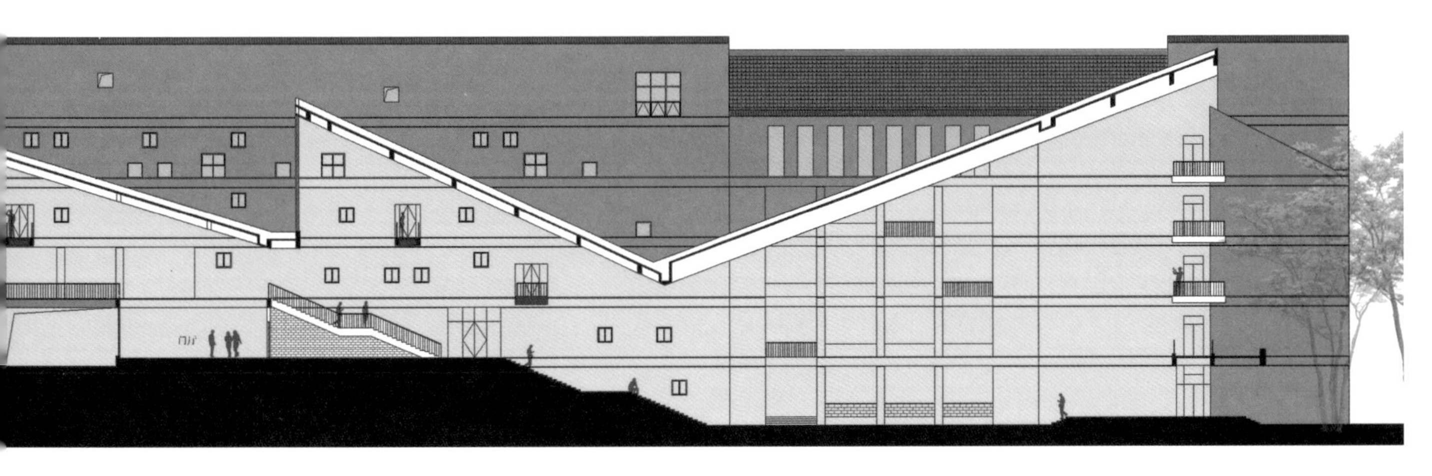

# 厦门海峡旅游服务中心

设计时间：2012 年
竣工时间：2019 年
建筑规模：38.73 万 $m^2$
主创人员：陶郅 郭嘉 陈子坚 邓寿朋 陈坚 郭钦恩 陈健生 陈煜彬 杜宇健 陈向荣 谌珂 王黎 史萌 涂悦 赵红霞 李倩 刘昂 李妮 于晨晨 李博
倪蔚超 余红叶 沈焕杰 谢利民 等

海峡旅游服务中心项目是厦门市政府主导的在厦门市五通设立的对台重要交流平台，得到国家旅游局的大力支持，将作为国家旅游博览会的永久会址。作为国家级海峡旅游服务中心，厦门市力求将其打造成海峡两岸文化交流及推介海峡旅游服务产品的重要基地。

海峡旅游服务中心的区域定位是对台（金门）海空联运的重要节点，是厦门对外窗口和主要港口门户之一，展现出厦门新风貌、新形象。海峡旅游服务中心的开发建设将有效整合码头、旅游会展、旅游博览、旅游服务以及多式联运，形成综合性、功能齐全的旅游目的地及两岸旅游业界交流平台，极大提高该区域的游客及商务接待能力，满足两岸交流的多样化、高品质的服务需求，为两岸交流提供更好的基础保障。

1. 一衣带水共潮生，海峡文化脉相承

本方案设计面临的最直接的挑战是有限的用地、被道路分隔的地块、复杂的建筑使用功能、密集的多个线路和多个方向的人流的矛盾。如何在一个有限的地块内，将几个功能相关而又相互独立的建筑协调成为一个有机的城市综合体，是设计需要直面的首要问题。

我们从用地的独特地理位置上找到灵感。海峡旅游服务中心选址地五通历史上就是通往宝岛台湾的咽喉。数百年间，这里曾作为厦门岛古驿道的重要一站，迎来送往，见证了人世的沧桑，与宝岛的关系可谓是一衣带水。借用“一衣带水”这个深远的意义，方案采用了“适当离析”与“紧密联系”两个概念重塑区块的建筑空间系统。“适当离析”，是指将建筑单体分为两个组团围合形成带状的内部空间；“紧密联系”，是指将建筑空间布局有意识地按功能特征聚拢布局。如此一来，均布的地块空间通过建筑的有机聚散，形成极具动感的整体关系效果。而各个建筑物似分而连，在构成上保持了高度的统一，如同一脉相承的有机整体，相互依存、和谐共生、浑然一色。

“适当离析”所产生的带状空间——峡湾广场，也是内部步行公共空间，系统有效地加强了区内各种以海峡旅游为主题的城市功能的联系，积聚人气与活力，为地标式建筑天际线提供最佳视觉空间。因此，适当离析也产生了“一衣带水”的“峡湾”效果，通过引入大量的人流促发了各个功能区块之间更为紧密的联系，使得各个子项形成最大限度地资源共享，产生更为活跃与正面的效应。这个带状聚合空间将不同的使用者、不同的价值群体、不同的消费群体甚至具有不同城市与民族背景的人，聚集在同一个空间体系的环境下，享受多元的旅游服务，推动着相互密切关联的产业聚集。这是一个蕴含了特定城市功能，与愉快的城市元素和风景的场所，人们在各方面都达到高度共享，体验与呼吸着一个城市主题。

2. 风翻白浪花千片，雁点青天字一行

由于整个基地被“十”字形道路所分割，所有的单体建筑必须由整体的形象进行统一的设计，使整个项目具有序列性、连续性与可识别性。而这种可识别性必须带有地域的特殊性。“黄金的沙滩镶着白云的波浪，开花的绿树掩映着层层雕窗。”这就是已故著名诗人蔡其矫先生笔下充满诗情画意的厦门，也是建筑整体形象的灵感来源。由于地处海岸线，结合厦门的独特气质，我们确立了反机械化的设计原则，试图寻找到一种更加轻盈、更加浪漫的建筑风格，以区别于笔直的岸线与沉重的机械。建筑，如同一排排的浪撞在岸上，溅起的一片片翻滚的白色浪花，在空中突然凝固。无论人们从海上来还是从陆上来，柔软起伏的直纹曲面屋顶、浪漫交织的倾斜平行墙面，都带来一种清新、独特的建筑艺术体验。灵动的风格构成了统一的建筑环境基调，界定了项目的范围，形成了整个地块的独特魅力。

整体建筑形态从三维造型的特点上接近于巨大尺度的雕塑，场地的特征通过建筑得以淋漓尽致地体现，雕塑般的建筑重塑了海岸线的激情与澎湃。建筑不但向观者提供丰富的三维造型，而且还提供与场地特征有关的空间体验。由于建筑不再是互不关联的三维形态，而是整体互相配合呈现多维度的倾斜与变化姿态，因此为城市干道，也为海岸线提供了丰富的步移景异的空间形态轮廓。此外，屋面与墙面一起通过多姿态的倾斜造型，也为周围高层办公区域提供了屋顶作为第五立面的丰富效果。从高处俯瞰，不再是看到这组建筑简陋的屋顶、冷却塔等，而是看到一个起伏的绿洲，一个丰富的海边公园。

从以上构思出发，我们确立以下的建筑设计目标，并以此作为整个项目的核心理念。

（1）创新之湾

旅游要素高度汇聚交融、空间布局复合多元。富有特色的建筑组团，形成极具特色的滨海建筑群体，为陆海来宾提供优美的视觉感受和空间体验。

（2）活力之湾

服务设施齐全方便，交通联系顺畅舒适。以海峡旅游为契机，通过客运、文化、展览、商业、办公、旅业等不同类型的业态功能设施搭配，激发区域内源源不断的消费流量，塑造全天候的活力新区。

（3）低碳之湾

优先可持续发展战略，坚持走低能耗、低污染、低排放的绿色建筑发展道路。不大面积运用玻璃幕墙，减少玻璃幕墙所带来的耗能、光污染等问题，而采用整体化金属百叶，利用其如纸张一样轻巧的性质，折叠出变化无穷的立面，百叶内层可设置大量开启的窗户，达到最大限度的自然采光通风效果。此外，建筑屋面局部采用顶光玻璃天窗，通过百叶调节阳光投射方向，两者大大降低了太阳的辐射热，也为室内带来充足的光线，减少了能源的消耗。运用先进的绿色建筑技术，倡导绿色消费和低碳生活，促进经济效益与生态效益有机统一。

从以上理念出发，我们深入分析任务书，重新整合项目功能，优化建筑布局，梳理内部交通，从而形成完善的建筑设计方案。

FLIPORT HOTEL

# 天津科技大学泰达校区体育馆

设计时间：2012—2016年
竣工时间：2017年
建筑规模：24352m$^2$
所获奖项：教育部优秀勘察设计二等奖
主创人员：陶郅 陈子坚 陈煜彬 陈健生 郭嘉 等

该体育馆项目位于天津科技大学泰达校区西南，包括主馆、副馆以及一座风雨操场。体育馆定位为甲级馆，具备举办国际单项室内体育赛事和全国综合体育赛事的条件，并服务于学校及周边社区，同时满足训练、教学、集会、文艺演出等各种功能。

1. 外方内圆，刚柔并济的总体布局

项目的用地被校园边界、两条放射状道路、一条圆弧道路以及校园景观带所环绕，在城市肌理、校园肌理、景观体系的多重叠加之下，形成了边界不规则、多轴线碰撞、没有明显方向性的特征。为了实现一个理性和谐的总体布局，需要在纷杂的用地要素中提炼出控制的法则。因此，设计在用地中心多向轴线的交汇处引入了一个圆形的开敞空间，以圆心作为总平面布局的枢纽，体育馆的各个场馆单元围绕这个开敞空间呈扇形展开，沿着校园路网和室外体育运动场地的边界生成简洁的方形体量。方形的建筑理性实用，圆形的构图巧妙地组织了用地中多个方向的空间、景观轴线关系。方是原则，以不变应万变；圆是机变，以万变应不变，二者相互融合恰到好处。

圆既是平面组织的枢纽，同时也是体育馆功能组织的关键节点。其中心是一个露天剧场，剧场外周是连接了主馆、副馆、风雨操场的三层休闲环廊。环廊宽度为6m，除了是一个联系各个功能单元的交通体，还是一个共享的服务中心，包含了水吧、健身、阅读、交往等各种休闲功能。在露天剧场有活动的时候，环廊更加可以成为剧场的一圈楼座。体育馆中心的核心空间，为师生开展室内外活动提供了平台，为体育馆注入了全天候的活力。

2. 崇尚阳光，立体开发的设计理念

天津科技大学体育馆的设计，不仅强调核心功能的专业性，更强调功能的多样性，使其融入校园的各种生活场景中，成为校园中一个文化、体育、休闲的综合体。体育馆的布局与周围环境积极对话，为校园提供丰富多样的公共空间。可全天开放的副馆、风雨操场以及临湖的景观广场形成了校园的活力中心，露天剧场、休闲草坡、临湖骑楼、绿化平台等一系列开放活动场所，与建筑形体相结合，与周边环境相呼应，营造自然、舒适、宜人的休闲活动区域。尤其是露天剧场，作为体育馆室外公共空间起承转合的节点，充分的将建筑形式、使用功能以及校园景观有机的结合起来，为阳刚的体育馆注入柔美的文艺气息。环绕露天剧场的环廊，还提供了各种休闲和服务功能，扩展了体育馆的内涵，使体育馆成为一个功能全面的综合体。此外，体育馆还应时下大学生户外活动的新需求，在面向室外运动场地的西北面结合二层平台的高差设计了一个户外滑板公园。多样的活动空间，综合的功能内涵，为师生提供了丰富的体验，充分贴合了高校的使用需求。

3. 实现体教结合，文艺兼进的功能设计

天津科技大学近年来一直贯彻“体教结合”的教育模式，培养出一大批高水平运动员，纷纷在国家、国际级比赛中取得骄人的成绩。新体育馆需要支持学校的体教发展更上台阶。同时，大学的场馆还具有一些自身的特点，例如，位于校园内、开放性更强；使用频率高、使用者相对固定；对举办大型集会和文艺活动的经常性需求等等。因此，天津科技大学新建体育场馆在功能模式上具有针对学校的相应设计策略。体育馆主要由三个功能单元组成：主馆、副馆、风雨操场。主馆、副馆及附属用房按照甲级馆标准设计，同时充分考虑了学校的使用要求。与采用对称看台设计的多数城市场馆不同，主馆采用了三边固定看台加活动座席、第四边全活动座席的非对称设计。第四边活动座席下布置了电动升降舞台，使其可以在看台、舞台、主席台、训练场地之间转换。而与第四边相对的主看台设有楼座，并且参照NBA篮球馆在池座与楼座之间设
厢层。观众席的布置形式使体育馆既可以满足各种正规比赛的场地要求，也可以
举办各种集会、文艺汇演的大型礼堂，能够满足全校一届学生举办典礼的座席数要
主馆内场可满足体操、手球、篮球、排球、乒乓球等训练和比赛的要求。平时使
以布置3个篮球场或18片羽毛球场。主馆共有座席4980个，其中活动座席占
37%，使布置具有充分的灵活性。同时，对于比赛的附属用房也采用通用可变的
设计，在赛后都可转换成学生活动用房，大大提高场馆的使用率。

副馆主要作为赛时热身、平时训练以及小型比赛的场地。首层为运动员训练
二层为篮球馆，可布置两个篮球场或两个排球场供主客队双方同时热身。副馆与
运动员区直接联系，分设了两套独立的运动员休息区，主客队运动员从抵达到更
身到比赛都具有完全不交叉的流线。副馆位于主馆与风雨操场中间，设有一个与
操场共用的次入口门厅。副馆在赛时与主馆组成完整的甲级馆；在平时则和风雨操
休闲环廊组成学生体育活动中心，灵活适应平时和赛时模式。

4. 理性而富有文化气息的建筑立面

天津科技大学体育馆并没有像很多场馆一样强调建筑形象的特异性和标志性
是努力创造一种内敛而富含文化气息的格调，使之成为与图书馆、教学楼等和谐
的一座校园公共建筑。体育馆刻意避免复杂的造型，采用了简洁方正的形体，是
内部使用功能生成一个理性的结果。主馆、副馆和风雨操场三个方体两两之间用
分隔，外周以围廊连城整体。功能与外形的统一，既控制了造价，也符合高校教
筑朴素真实的性格。虽然采用了简洁的造型，但是体育馆十分注重立面细部设计
面采用了陶土板干挂，大尺寸的预制清水混凝土百叶板，以及风琴状的玻璃幕墙
成一系列节奏变化的垂直线条，产生了丰富的光影变化，也化解了体育馆庞大的体
加上陶土板的暖色主色调，使体育馆和谐地融入到校园整体环境中。

体育馆

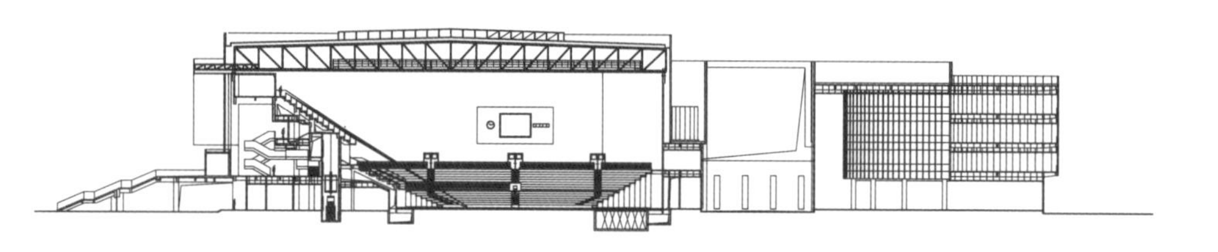

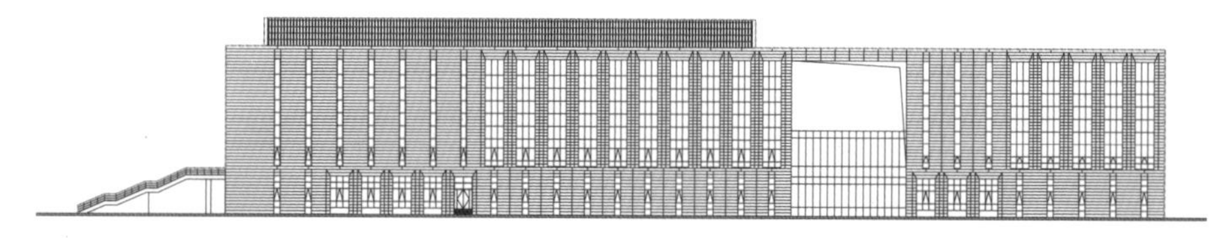

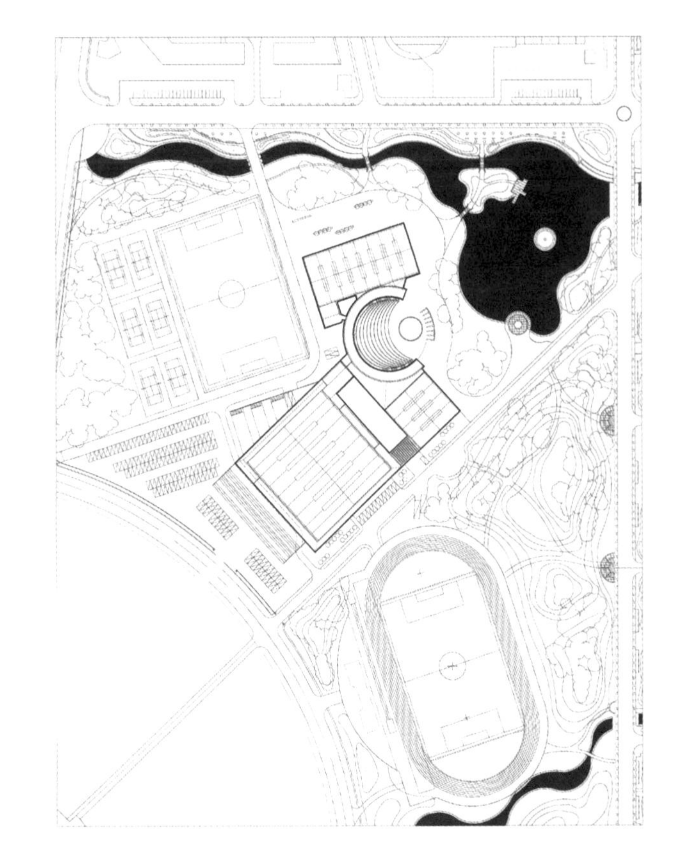

郅言郅语

“创新就是要创造性地解决实际的设计问题。”

# 广州南站核心区 BA01077 地块设计（路福联合广场）

设计时间：2013 年
竣工时间：2018 年
建筑规模：63729 $m^2$
主创人员：陶郅 杨勐 许伟荣 李波 罗伟明 等

路福联合广场位于广州南站核心区，是路福房地产开发有限公司总部和国内首家丽芮酒店所在地，属于典型的超高层商业综合体项目。

为创造更有趣生动的空间体验和更丰富的公共生活，同时实现经济性和公共性的平衡。项目利用避难层及屋顶空间，形成多处不同主题的空中公园，将户外空间和公共生活引入建筑内部。为使用者提供了一处具有特征和故事性的空间场景，也因此成就了“城市之眼”的建筑意象。

UNION PLAZA

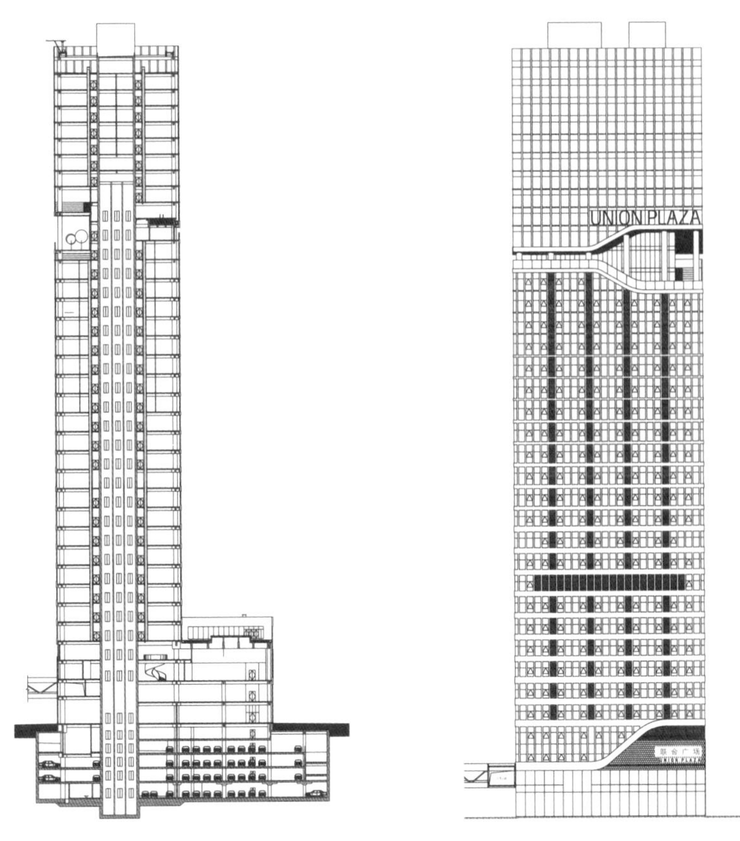
UNION PLAZA

kin coffee

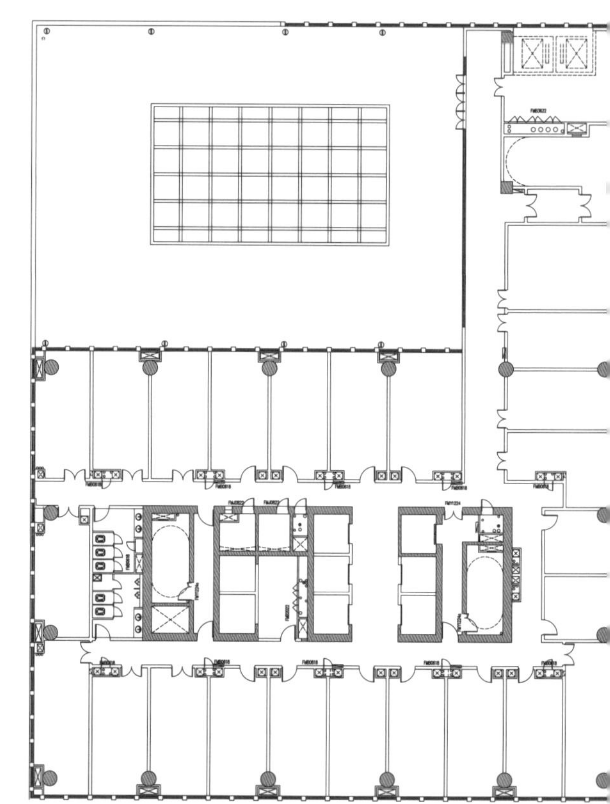

UNION PLAZA

# 鹤壁市图书馆

设计时间：2013 年
竣工时间：2020 年
建筑规模：26749.1m²
主创人员：陶郅 谌珂 陈健生 李倩 涂悦 余洪叶 等

图书馆位于鹤壁职业技术学院南门西侧，用地狭长，由学校图书馆与城市图书馆两部分组成。

建筑创新的采用分散式天井，替代了传统图书馆的布局模式，结合天窗的设置，提升了室内自然通风和采光的均匀度。天井在层间适当错落，形成有趣的阅读空间。

建筑中部的大天井是城市图书馆与学校图书馆交接共融的空间，在玻璃幕墙内通过对文字的解构形成遮阳系统。白天交织斑斓的光影洒落，营造独特而迷人的氛围，晚上透亮的玻璃幕墙如灯笼一般，文字符号透过玻璃清晰可见，强化了图书馆的文化形象。

图书馆北侧沿景观河的曲线形成有节奏的台阶式平面，内部相应设置四组退台式侧庭，实现由外而内的景观渗透，同时室内的阅读场景作为校园人文景观的重要展示窗口。

建筑以方窗为肌理，通过大小的变化将分散式天井的内部空间特征投射在立面之上，形成独特的建筑表达语言。

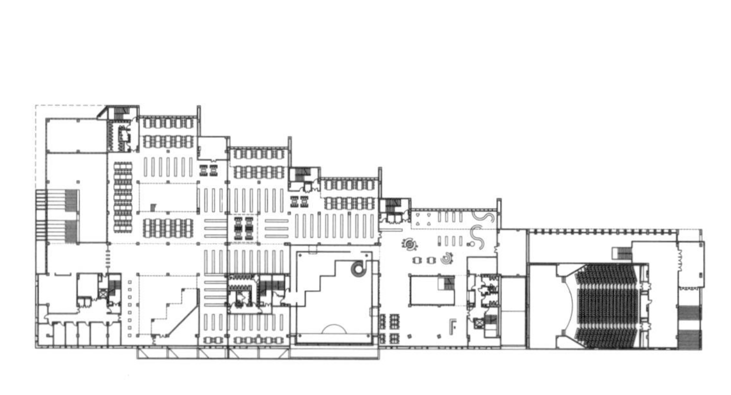

# 江西建设职业技术学院图文信息中心

设计时间：2013 年
竣工时间：2020 年
建筑规模：$30000m^2$
主创人员：陶郅 郭钦恩 练文誉 陈子坚 郭嘉 等

江西建设职业技术学院新校区位于南昌小蓝经济开发区，新校区图文信息中心综合楼总建筑面积约 $30000m^2$，包含图书馆、行政办公、网络教室、会堂兼风雨球场、教工餐厅等功能。基地位于校园核心区域，处在校园中心景观轴线上。用地南面为校园中心景观湖，隔湖相望为公共教学楼，北面为人造丘陵坡地与体育区，东北侧为学生生活区，西侧为实训区。

1. 夹缝空间和条状建筑

通过引入四个南北向的夹缝空间——庭院，将庞大的建筑体量变为五个南北向垂直条状建筑体，减少对周边建筑及景观的压迫感。夹缝空间解决了北侧校园空间与南侧中心湖面的景观、视线和交通联系的问题，使建筑成为南侧湖面、北侧山体之间对话交流的平台和媒介。通过夹缝空间合理清晰地将行政楼和会堂、图书馆、教室等功能块区分开，四个功能块之间通过天井庭院促进自然通风采光，降低人工能源的消耗，实现建筑绿色、生态、环保的理念。

2. 中心共享体

为解决图书馆、行政楼、风雨操场三个功能块之间的交通问题和动静分区问题，在三者之间设置了一个中心共享交通体，作为综合楼的形象入口，也可以作为几个功能的综合门厅以及学校历史和文化的展览空间。同时，中心共享体将“动”的风雨球场和“静”的图书馆分隔开，避免相互之间的噪音干扰。另外，中心共享体可为在一层和二层的人南北穿越建筑提供可能，为师生提供便利。

3. 传统空间意向的现代建构

坡屋顶是中国传统建筑的一个典型符号，我们在条状建筑的南北立面上设计成不同高度、不同方向的单坡，将传统建筑的空间意向整合到现代建筑造型之中，营造出一组高低起伏、错落有致的坡屋顶建筑群。建筑北侧平面为契合不规则的弧线道路，也将建筑平面随道路形状变化而作斜向和折线布置，与建筑立面的折型造型相呼应。同时，在夹缝空间的庭院也是借鉴南方民居的天井所作出的现代变异，运用现代设计手法来诠释和回应地域传统文化。

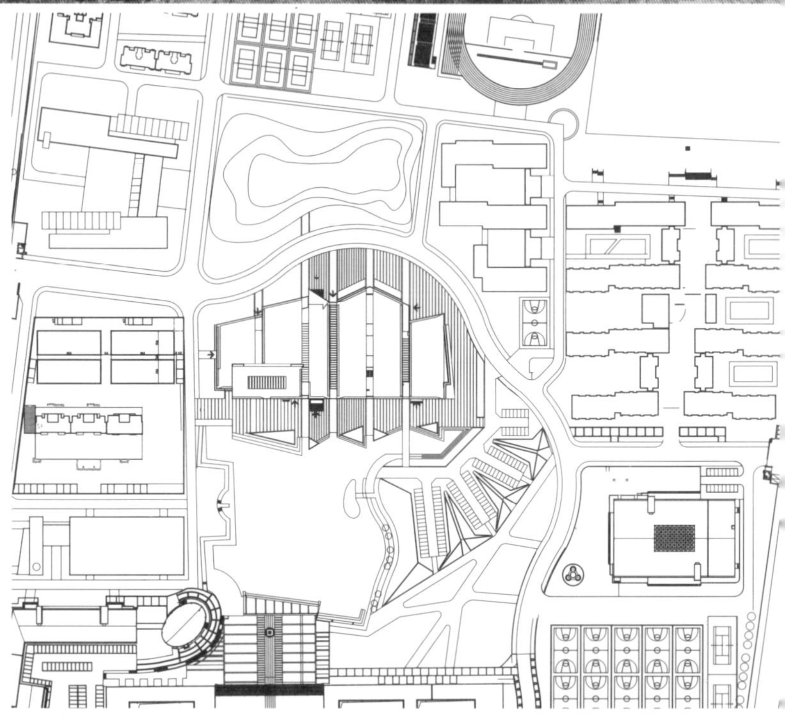

# 岳阳机场航站楼

设计时间：2015 年
竣工时间：2018 年
建筑面积：8000 $m^2$
所获奖项：2019 年第九届广东省建筑设计奖（方案）公建一等奖
主创人员：陶郅 郭钦恩 谌珂 涂悦 陈子坚 练文誉 王帆 艾扬 陶立克 夏叶 唐骁珊 史萌 陈健生 黄承杰 李岳 倪尉超 龚程超 王佶 黄晓峰 陈祖铭 肖静芳 等

岳阳机场选址于湖南省岳阳经济技术开发区三荷乡，距岳阳市主城区 15km，规划为湖南省北部重要的支线机场。航站楼为一层半前列式，近期航站楼建筑面积约 8000$m^2$，远期完成约 15000$m^2$。

航站楼创新性地采用 PTFE 拉膜结构体系创造出具有独一无二的现代航空港造型，钢结构梭柱与白色拉膜的组合将岳阳的传统景点“远浦归帆”的意境以现代的方式重新演绎，在体现浓郁的现代气息的同时又延续了传统地域文化。

航站楼折型拉膜屋顶向前延伸形成建筑入口灰空间，灰空间上方每组折型拉膜屋顶之间用马鞍弧形的拉膜空间覆盖，于航站楼主立面形成波浪起伏的造型。出港旅客乘公共汽车或小汽车来到宽敞的入口灰空间，一侧为波浪屋檐下水平延伸的站前广场，另一侧为透过 V 型钢柱和透明玻璃幕墙所见的更为宏伟的航站楼室内大厅，使人顿时感到豁然开朗。

室内空间同样充满戏剧化，设计将折型拉膜完全真实的展现出来，形成跌宕起伏的天花界面。每组拉膜之间为梭形的玻璃天窗，为大厅洒满自然光，空间在流动，光影在变化。生机盎然的内部空间，带给旅客美好的乘机体验。膜材的透光特性也大幅降低人工照明的消耗，符合绿色、环保的理念。

单元模块的构型具有弹性扩展的特质，符合未来航站楼扩建的要求，实现岳阳机场的可持续性发展。

## 设计故事

作为湖南人的陶郅，对于湖湘文化的写照——潇湘八景自然是谙熟于心，因此，在设计之初，他心中就形成了“远浦归帆”的设计概念，归帆的形象既符合机场交通建筑的含义，又具有洞庭湖区强烈的地域文化特色，十分贴合岳阳机场的形象。

对于如何营造“点点白帆归洞庭”的意向，也让陶郅颇费了一番心思。表现白帆的感觉最合适的莫过于膜结构。然而，这种新型结构的建模表达让大家都犯了难，陶郅就守在电脑前面，一个节点一个节点的画草图指导建模。其实当时陶郅的身体已经较为虚弱，经常要去医院进行治疗，但是对于这个项目，他都亲力亲为，事无巨细。包括投标的演示视频，陶郅如同导演一般，亲自设计视频的镜头路径、定格画面，甚至连配乐都是他亲自确定，当“洞庭鱼米乡”的音乐伴随着岳阳机场航站楼的钢结构骨架徐徐展开之时，机场航站楼如同为岳阳量身定制一般，陶郅的湖南学生们都深深感佩老师的艺术功力。

中标之后，由于机场是岳阳市重点项目，又加上膜结构机场在国内属于首创，因此，甲方在决策之时也很慎重，在经过多方调研且多次要求陶郅到现场进行汇报之后，岳阳机场最终于 2018 年 12 月通航。然而和学生们约好待到通航之日一起坐飞机去岳阳的陶郅，却最终未能如愿。

谁料此生，心系潇湘，身老南国。陶郅的第一个成名作珠海机场航站楼，始于岭南；最后一个封刀之笔岳阳机场航站楼，归于三湘。湘粤两地，往返千里，辛劳一生，情深万丈。也许，已在天国的陶郅，能够以云为笔，以天为图，再次描绘他心目中的满腔豪情。

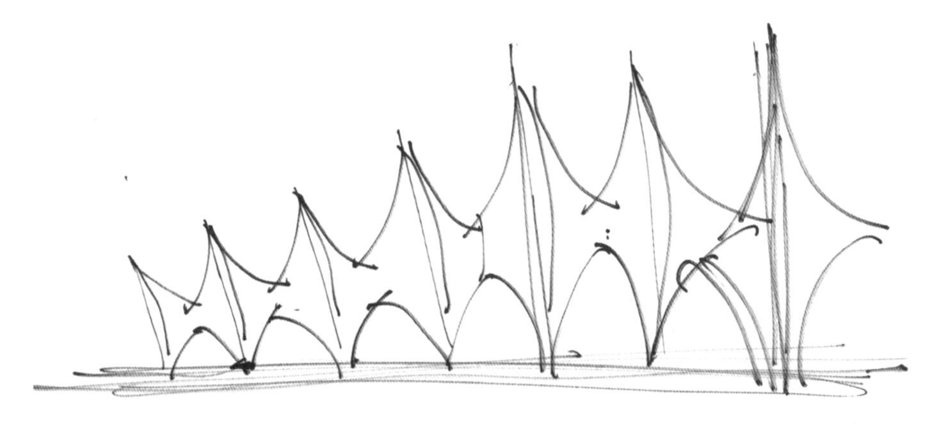

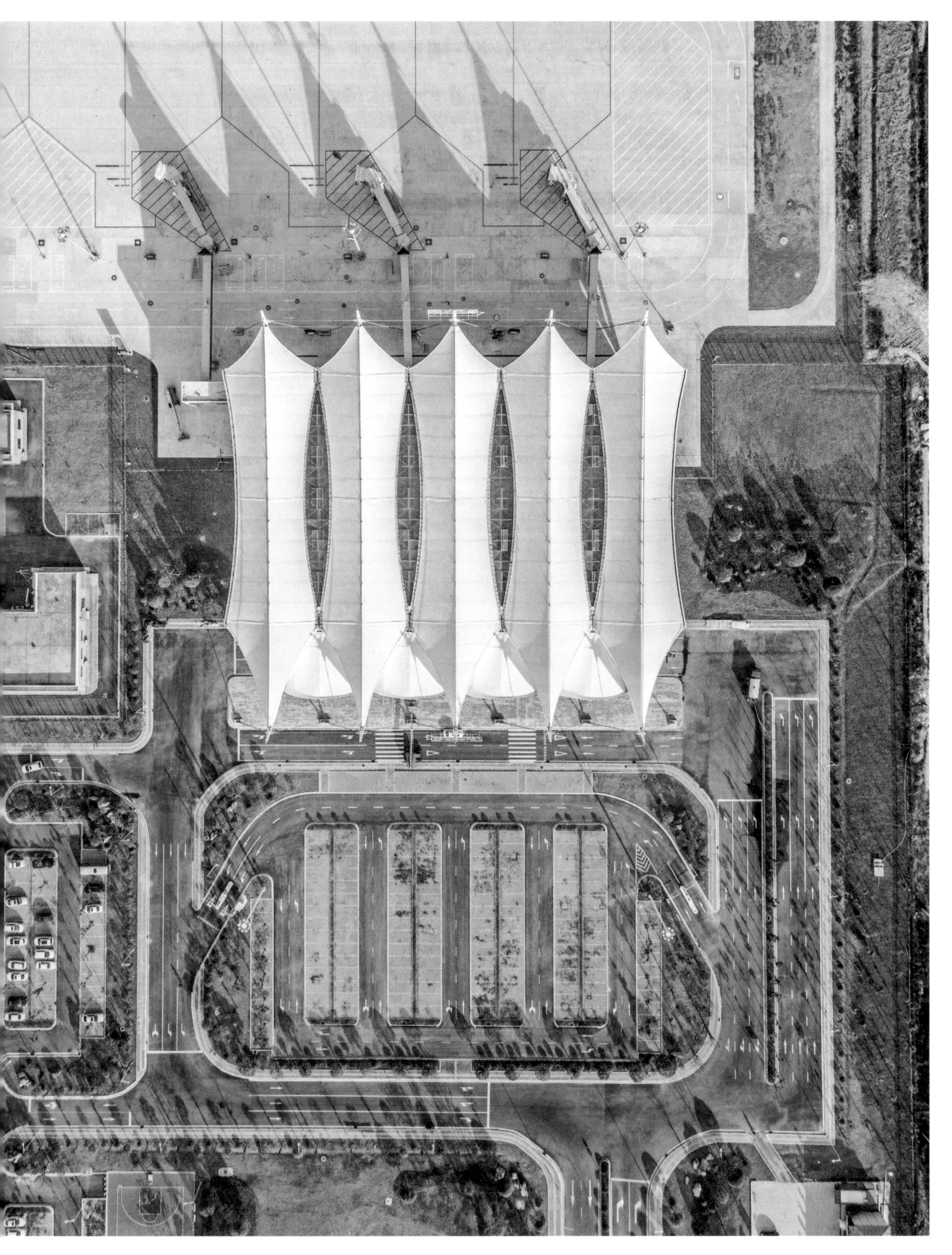

岳陽

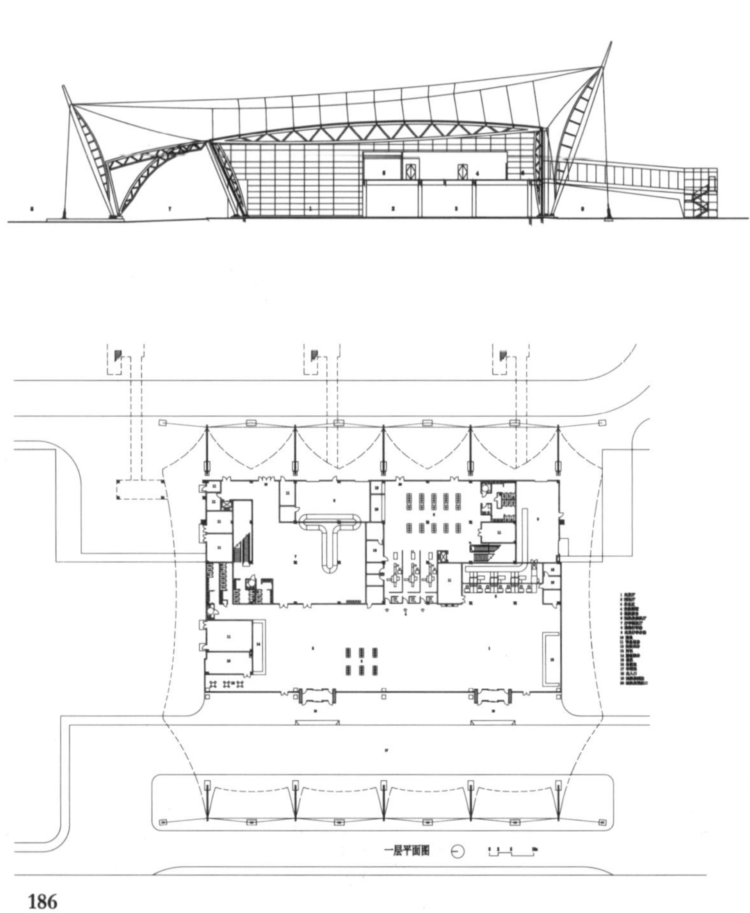
一层平面图

郅言郅语

“在设计最初的创意构思阶段，我往往乐于寻找每个项目中蕴藏的文化基因，这通常是我们整个建筑的灵魂。”

# 增城市大埔村灾后重建公益设计

设计时间：2015 年
所获奖项：广东省注册建筑师协会第八次优秀建筑创作奖
主创人员：陶郅 陈煜彬 李倩 陶立克 陈向荣 倪蔚超 沈焕杰 唐骁珊
何岸咏 艾扬 李岳 黄承杰 夏叶 等

2014 年广州增城派潭镇遭受特大暴雨，房屋损毁严重。

作为广东省政府参事的陶郅，一直积极响应广东省“三师”（规划师、建筑师、工程师）下乡志愿活动，在大水退去之后，顶着炎炎烈日，陶郅带领团队深入走访派潭镇的多个受灾村落，多次与当地村委和村民进行沟通交流，最终选择大埔村进行试点重建工作。

“授人以鱼不如授人以渔”，此次重建设计，不仅仅是为受灾群众重建家园，更是通过建筑设计工作来振兴乡村，传承的发扬传统古村落历史文化。重建计划除了帮受灾群众重建被损毁的住房，还考虑了一系列村落开发计划，包括精品民宿、农家乐、多彩农田采摘、稻香休憩亭、环保公厕等一系列设施，设计也得到了当地村委和村民的广泛参与和充分肯定。

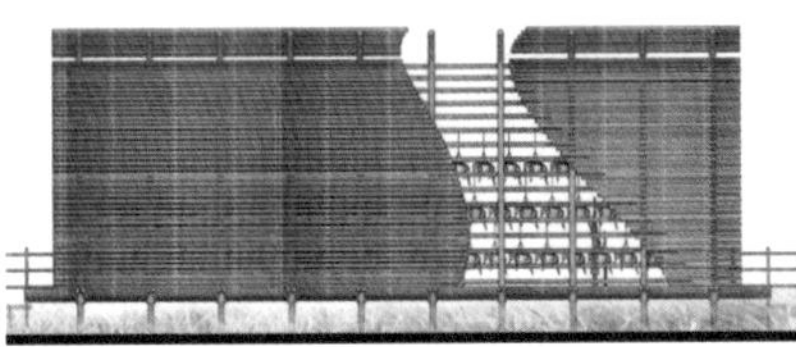

郢言郢语

“每个有社会责任感的人都会思考一个问题，你能为这个社会做些什么？”

# 中车电机工程研究中心

设计时间：2015 年
竣工时间：2018 年
建筑规模：19893m²
所获奖项：广东省注册建筑师协会第九届
广东省公共建筑设计一等奖
主创人员：陶郅 王黎 陈建生 赵红霞 艾扬 倪蔚超 李岳 黄承杰 等

该项目位于湖南省株洲市石峰区田心高科技园，距株洲火车站约 7km，靠近 320 国道、沪昆高速与长株高速，用地面积 50 亩，总建筑面积 19893m²，主要包含实验研究、办公、展示接待等功能。地块自然地形西高东低、北高南低。

项目选址内的园区多为工业建筑，绿化及活动空间欠缺，本案以此为出发点，放眼全园区规划，尽可能地为整片园区提供绿化及休憩活动场所。因而将建筑主体抬起，将底层空间让出，既作为基地内一个视觉焦点与活动场地，也是对园区的重要补充，成为生动的绿色核心。

建筑主体化零为整，集约方正的体量结合现代材料和结构形式，传达出现代高科技电机公司的崭新品牌形象。架空层采用了地景的手法，延续场地原有的丘陵地形，形成多个草坪地景建筑，并赋予文化展览等开放性空间功能，人于其间便如同畅游在悬浮屋顶掩蔽下的公共公园。

在生态设计上，本案尝试在"内外"两个层次进行空间优化。对内采用"立体穿插"的概念将地面、屋面、露台等多个绿化庭院、平台相互组合，形成错落有致、通透连贯的多层次立体绿化办公空间。对外增设了立体绿化墙，利于夏季隔热，内外结合营造良好微气候，发挥最大的生态效益。

郢言郢语

"在众多复杂的限制中，寻求合乎逻辑的解决之道比凭空拼凑更踏实有效。"

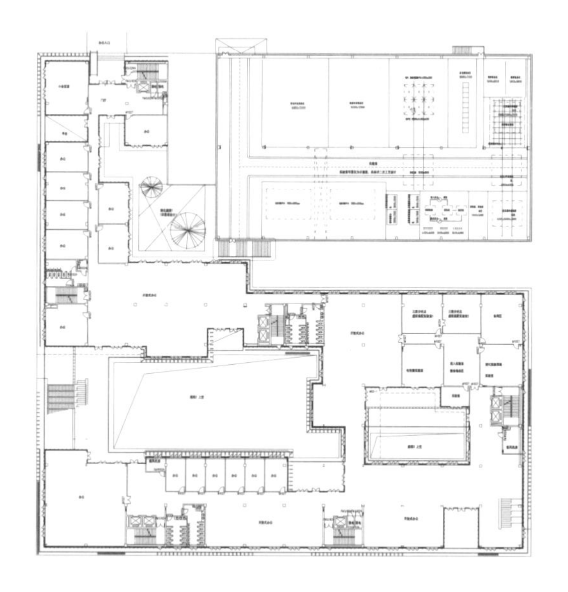

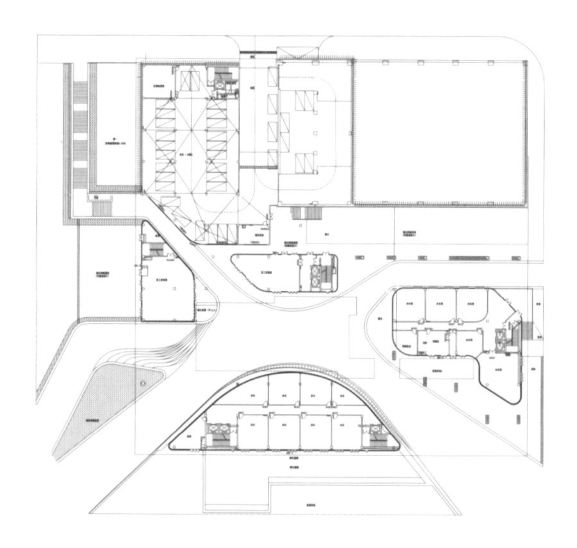

色 基业长青

# 巢湖市图书馆、档案馆、城建档案馆

设计时间：2015 年
竣工时间：2019 年
建筑规模：25990 $m^2$
主创人员：陶郅 陈煜彬 陶立克 邓寿朋 何岸咏 龚程超 苏笑悦 等

巢湖市是合肥经济圈的副中心城市，是皖江城市带承接产业转移示范区的核心城市。巢湖市图书馆、档案馆、城建档案馆工程是巢湖市社会文化事业的重点项目之一，是“文化强省、富民强市”战略的重要组成部分。

该项目将满足巢湖市三大馆建设的功能要求（图书馆、档案馆、城建档案馆），总建筑面积 25990$m^2$，其中地上建筑面积 22950$m^2$，地下建筑面积 3040$m^2$，地上 5 层，地下 1 层。图书馆定位为藏书量 30 万册的中型图书馆，档案馆以及城建档案馆定位为乙级档案馆。

凭湖筑城　涓流萦谷

巢湖是中国唯一一个因湖得名的城市，可见巢湖在巢湖人心中的地位。我们希望本设计是“凭湖筑城”概念的一个微观缩影，城方、湖转，我们把巢湖的形象抽象于建筑的内向空间，形成建筑外方规矩，内曲自由的空间态势，真正反映城市与自然的刚柔并济、和谐交融之趣，内向空间由于曲线的引入，在层叠的公共空间上形成于山谷窄道上的行云流水之乐，取涓流萦谷之意，表达了水文化在巢湖这个城市的重要地位。

串简成册　智者乐水

建筑立面采用竖向玻璃遮阳百叶和玻璃幕墙，遮阳百叶如片片简牍般，形成帷帐的视觉感受，既能满足阅览空间的采光需求和景观视野，又有良好的节能遮阳效果。同时我们将巢湖水系的图案进行抽象，并融入玻璃幕墙之中，以“智者乐水”的概念呼应巢湖水的文化，表达图书馆、档案馆这类文化建筑的特性。重点突出该馆的时代性、文化性、地域性。

坚决打赢扫黑除恶攻
深挖黑恶

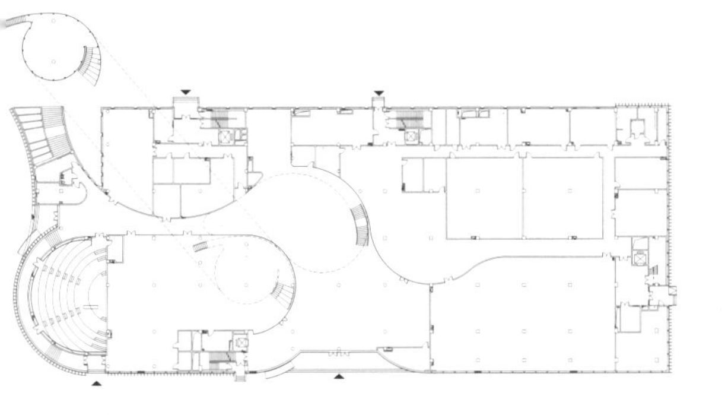

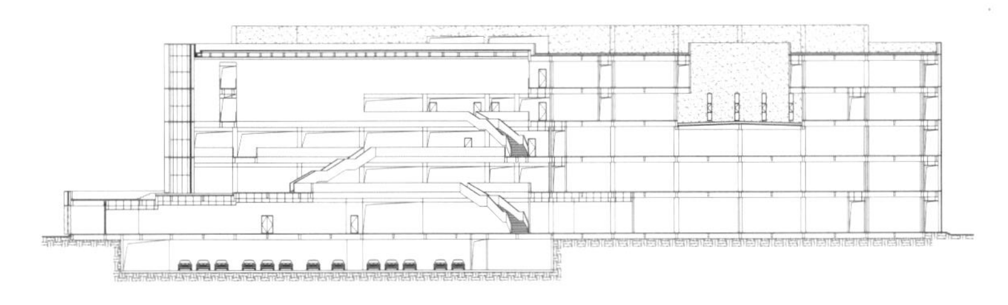

# 莲花书院重建设计

设计时间：2015 年
竣工时间：2020 年
建筑规模：2655 $m^2$
主创人员：陶郅 陈煜彬 李倩 黄承杰 唐晓珊 李岳 夏叶 龚程超 等

域：

莲花书院遗址位于南香山东侧山麓，后侧四峰如屏，左右如椅，中有一茎如梗，垂若芙蓉然，谓之乎莲花之意，用地两侧泉水潺潺出乎两崦之间，合而东出石淙，实为风水好局之域。现场依稀可见其时所建之台，分四等，高差约 5m，而遗留下的墙埂、柱础、断梁等均杂乱堆置，致使其面貌已不可考。

溯源：

遗址目前还保留明、清等各个时期的一些历史片断。

湛若水在明代嘉靖年间的那次修建，打开了莲洞书院名留青史的一页。因此，本设计将以该历史片断作为出发点，尝试去摸索其时之貌。

引经：

据湛若水所著的《娥眉莲花洞开创书馆记》，其中有关于莲洞书院形制上的描述如下："卜其上为正堂三间，左右为偏堂各三间，左右为翼廊，其前为讲堂五间，翼廊如之。又其前为门楼三间，又将诸生馆于东崦西崦者数十间，以俯流游息，正学以时焉。其材皆取用于淫祠。"这是对该书院最为直接的形制描述。

## 设计故事

此次重建设计，前期调研中涉及大量的古文参考资料，难倒了许多平日里只关注现代建筑的设计师们，而对于硕士阶段建筑历史古文翻译满分的陶郅来说，处理运用这些资料就显得游刃有余了。他亲自翻译了湛若水所著《娥眉莲花洞开创书馆记》的全文，并依据其中所述形制进行复原。此次重建设计的文本题词"南谯一脉，若水千年"也是由陶郅亲自构思题写。

陶郅的硕士论文就是用现代建筑空间的概念来分析中国传统建筑，再加上他本身对于传统文化也有很深厚的积累，因此他给学生上课时可谓是旁征博引，妙语连珠。在前期调研中，陶郅带领学生走访了许多岭南书院建筑实例，并且现场详细讲解古代建筑知识；在设计过程中，陶郅通过绘制大样详图，展示实例照片，给学生分析传统建筑的结构和做法。通过这样的方式，最终不仅圆满的完成了莲花书院的重建设计，也让陶郅的学生们对中国传统建筑乃至传统文化进行了一次知识恶补。

"博观而约取，厚积而薄发"陶郅对于传统文化的深厚积累，就是这样润物无声的滋养着他的建筑创作。

## 郅言郅语

“我觉得对于中国建筑师来说，如果对我们本土建筑文化有一些深入的认识，在设计的时候就多了一个视角，就更有帮助。”

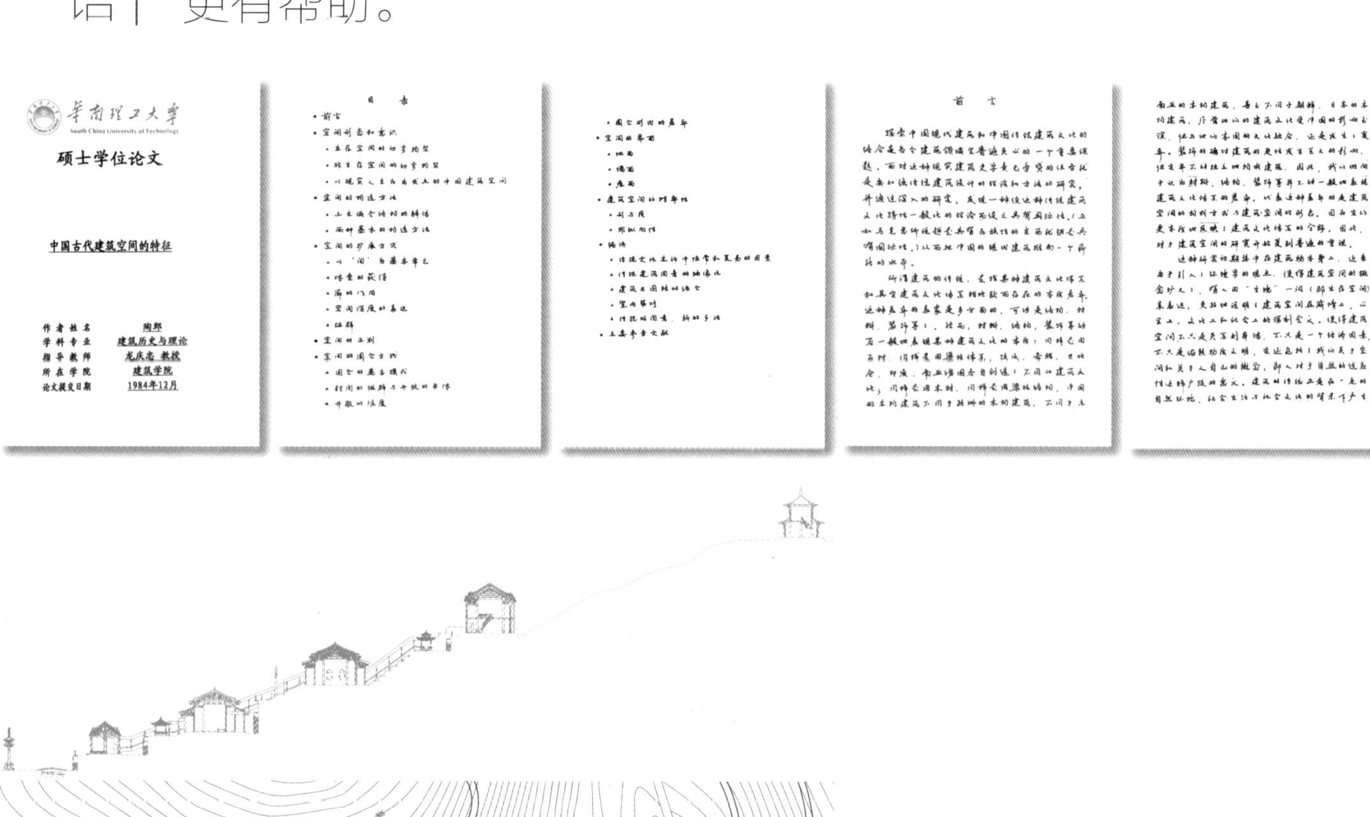

华南理工大学
South China University of Technology

硕士学位论文

中国古代建筑空间的特征

| | |
|---|---|
| 作者姓名 | 陶郅 |
| 学科专业 | 建筑历史与理论 |
| 指导教师 | 龙庆忠 教授 |
| 所在学院 | 建筑学院 |
| 论文提交日期 | 1984年12月 |

甘泉

# 合肥师范学院刘铭传学院

设计时间：2016 年
竣工时间：2020 年
建筑面积：$23920m^2$
主创人员：陶郅 陶立克 陈煜彬 杜宇健 等

刘铭传学院是合肥师范学院与台湾铭传大学在多年合作和彼此了解的基础上共建的联合学院，建设规模 $23920m^2$。该建筑位于校园南绿化景观轴的南侧，毗邻人工湖的东侧，南面为学生宿舍，东面跨过校园主环路为篮球场地。

刘铭传学院在校园内扮演着连接主教学区与学生生活区的重要角色，为此我们针对其周边规划进行了因地制宜的设计，通过建筑的布局与环境进行了完美的对话。建筑的首层局部架空，并设计了两个活动广场，试图将北侧的主绿化景观轴与西侧的水体景观引入刘铭传学院内部，使得建筑与总体环境相辅相成。在建筑的二、三、四、五层我们试图将建筑对外的部分设计为相对规整与封闭的体量，以保持刘铭传学院相对安静的教学环境。与此同时，学院内部则设计为活泼与动态的空间，一系列不同角度的玻璃盒子与空中露台突破了规整的内空间线，增加了空间的多样性与独特性，使刘铭传学院不仅成为富有创新趣味性的建筑，更是为大家提供一种开放、多元且真实的国际高品质教学环境。在刘铭传学院的西侧，设计了一个圆形的图书馆，打破了规矩的教学楼形象，并与西侧的校园景观湖遥相呼应。

刘铭传学院作为合资开办的联合学院，试图开创出一种前卫与创新的学习空间与环境。在建筑的三、四、五层，在满足公共课室单元的基本需求上，我们在设计中引入了创新的教学模式，通过植入一系列面向中庭的玻璃盒子，模糊了传统的班与班的封闭空间，增加了富有趣味性的共享空间，在这些定义模糊的空间中，老师与学生们相互交织，在一起开放的讨论项目、交流辩论、进行展览以及课余休息。这些打破常规的体块所营造出的正式 / 非正式空间增加了教学空间的多样性，也激发了学生学习的主动性与创新性。同时，当站在学院内部庭院内，这些穿插的体块也能让人感受到强烈的立面与空间韵味，以及空间节奏的变化。

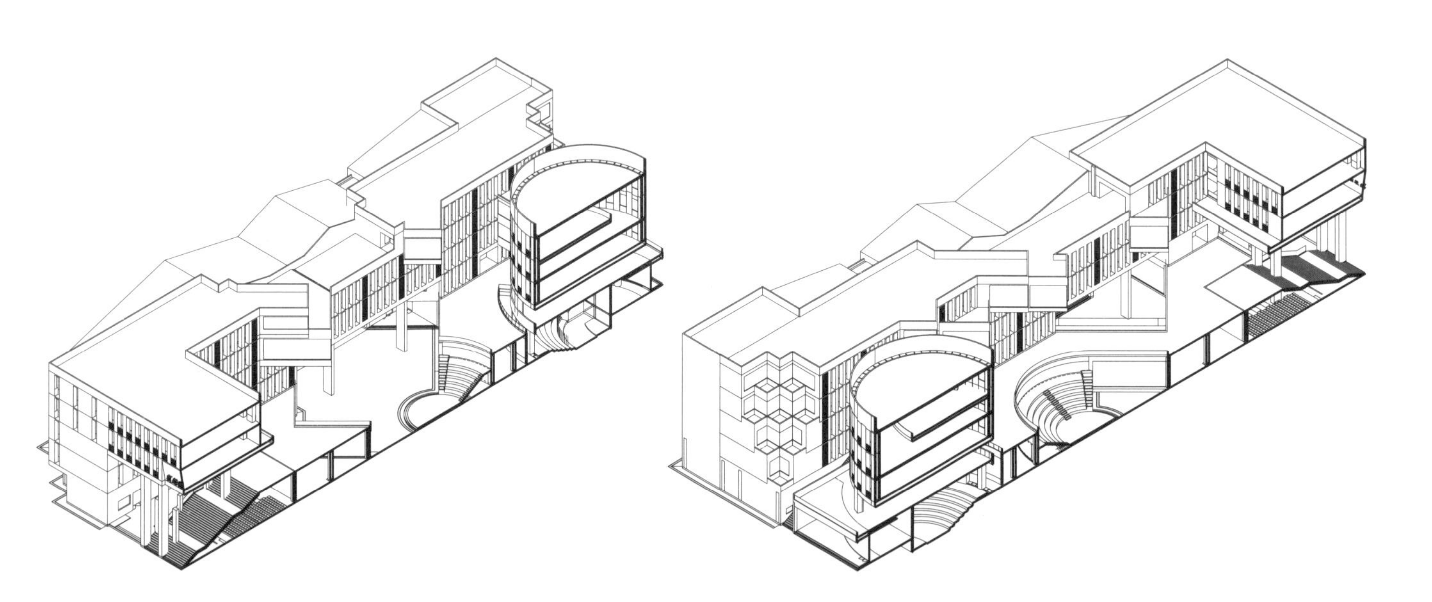

# 黄麓师范学校

设计时间：2016 年
竣工时间：2019 年
建筑规模：11 万 $m^2$
主创人员：陶郅 陈健生 邓寿朋 涂悦 杜宇健 李倩 史萌 练文誉 赵红霞 等

黄麓师范学校是著名爱国将领张治中先生于 1928 年创办的 所全日制公办学校。学校老校区紧邻洪家疃古村，与张治中先生故居隔湖相望，校园内保留多座历史建筑。本项目为老校区自身及东侧用地扩建的整体规划、历史建筑保护修缮及新建建筑单体设计。

校园规划针对用地地形复杂、古村保护规划限制等因素，生成科学合理的规划布局，以景观水体作为西侧老校区轴线与东侧教学区轴线的枢纽，形成现代与历史的传承与交融。校园整体规划摒弃超尺度的广场空间，强调与自然相融合，图书馆、会堂、教学楼等公共建筑围绕湖面布置，塑造出具有特色的魅力界面。

规划中尝试了开放校园的新模式，日常教学活动集中在东侧区域，西侧部分结合老校区保留的历史建筑，配置培训、展览等功能，形成爱国主义教育示范区，与张治中故居旅游景点共同规划旅游服务路径，形成可有效管理的开放空间。

老校区植物生长茂盛，设计中保留了数十棵老树，并在新校区延伸，将山水之美、人文之善和谐统一，营造舒适怡然、以人为本的教学氛围。

建筑单体呼应历史建筑风格，水刷石墙面与清水砖墙搭配使用，青灰陶瓦铺顶，建筑适当控制尺度，依山而建，高低错落，形成整体协调、空间丰富的民国校园场景。

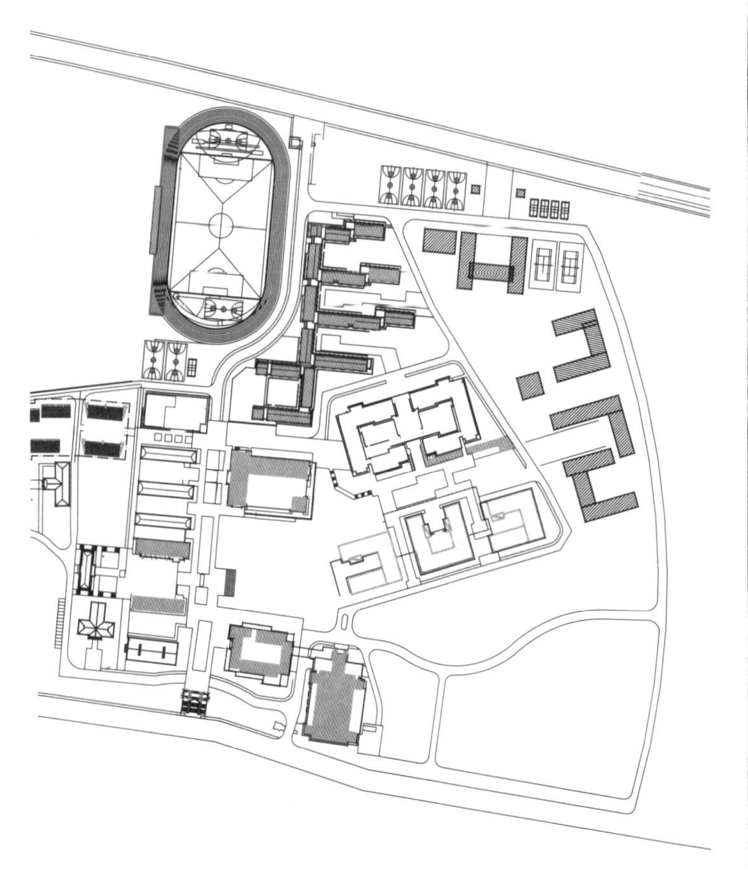

# 河源市源城区特殊教育学校

设计时间：2017—2018 年
竣工时间：2018 年
建筑规模：9383 $m^2$
主创人员：陶郅 邓寿朋 苏笑悦 龚模松 吴倩芸 黄晓峰 岑洪金 王钊 彭蓉 等

广东省河源市特殊教育学校项目大胆尝试设计出孩子们真正喜欢的校园空间，以环境促进培养学生正常的沟通能力及身心发展。

该项目针对特殊需求，做出特别设计。特殊学生与正常学生一样享有接受良好教育的权利，但特殊的需求对特殊教育学校的设计也提出了特殊的要求。项目从校园规划、建筑形式、游戏场所营造、色彩设计、景观设计各方面给予针对性设计，力求创造丰富的空间形式以刺激交流行为的多元化产生，有助于学生成长与康复。

此外，该建筑因地制宜，应对用地紧张和复杂的地形环境，低层高密度的校园空间特质、灵活的体块布局与周边村落相得益彰。

村中“村”

学校招收的学生大多来自于用地周边的民居之中。自由紧密排布的小房屋、曲折的村道是孩子们最熟悉的元素。设计从“村落”的原型入手，将学校按照使用功能拆分为若干个小体量建筑。各体量顺应用地边界自由布置，最大可能围合成内向的活动院落。低层高密度的校园空间特质、灵活的体块布局与周边村落相得益彰。从村落到学校，空间尺度自然过渡，增强学生对校园空间的认同感。

校中“家”

随着城市的发展，周边民居命运未知。学校的建筑语言力图为孩子们保留最初“家”的记忆。各功能体量采用不同的坡顶形式，形成独一无二的小房子，增强标识性；立面设计上，建筑选用与周边浅色调民居相呼应的白色，东西山墙也采取与民居同尺度的方洞，自由散落在白墙之上，在体现民居特色之余不乏现代感。各小房子通过自然柔和的连廊联系为整体，好似蜿蜒的村道般在建筑之间流动。

## 设计故事

陶郅在设计中一直很重视使用者的需求，而这所教育学校的使用者却有些特殊，他们往往很难与他人进行正常的沟通，从而导致自卑自闭。而均质化、忽视学生个性需求的校园空间很难诱发沟通行为的产生，如何让这群特殊的学生在自己设计的建筑中，感受到和同龄人一样的尊重和关爱，是陶郅考虑的重点。

形体简单的小房子，三三两两的布置，可能是天真的孩子们对建筑最初的认识。因此，陶郅将建筑体量化整为零，拆分成若干个小的体块，灵活自由的布置于校园之中。而且陶郅观察到孩子们有绕圈圈跑和追逐玩耍的天性，于是将孩子们心中的“滑梯”原型再现出来：在内院中心设计一条螺旋上升的共享坡道，通过这条步道串联起小房子的各个部分。而这条步道也成为整个学校的点睛之笔，清晨的阳光冉冉升起，家长带着孩子们沿着坡道走进二层课室；傍晚放学，伴随着太阳缓缓落山，家长手牵着孩子也顺坡而下，各回各家。日出而学，日落而息。

虽然这所特殊教育学校开课当天，陶郅已经离开了人世，但孩子们爽朗的笑声和愉快的嬉戏声一定在告诉天上的陶郅“建筑师爷爷，我们喜欢您设计的房子。”

郅言郅语

“当作品被大众认可，其实是使用者在建筑所处的环境中产生了情感共鸣。”

# 河源市第二中学小学部

设计时间：2017 年
竣工时间：2019 年
建筑规模：16375 $m^2$
主创人员：陶郅 邓寿朋 涂悦 等

项目位于河源市中心区，永福路与新风路交汇处，周边交通便利，建设用地位于校园内，北面毗邻永福路，东面为原有校门和已建教学楼，北面为篮球场和已建中学教学楼，西面为体育场。总共设置普通教室 24 间，功能场室若干。此外利用西面体育场，在地下设置可以与社会共享的停车场，可满足 324 辆停车需求。

由于用地南侧毗邻城市干道，噪声较大，在十分有限的用地里，我们精心设计了一个隔声庭院，在庭院中种树，以减弱城市噪声对教学楼的影响。同时为学生在有限的空间里创造丰富的课外活动场地。

建筑造型采用与校园原有建筑相和谐的平屋顶形式，考虑校园沿街形象，以白墙为主要色调。通过阳台、格栅、走廊的错动组合，形成了清新活泼的建筑立面。

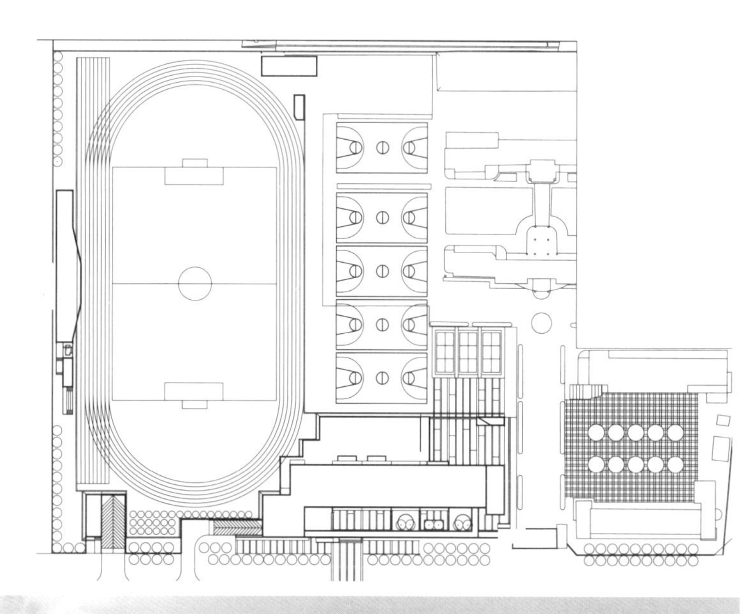

巨龙传媒助您腾飞
招租热线
180 2313 6888
GIFT

# 越王小学

设计时间：2017 年
竣工时间：2020 年
建筑规模：44584 $m^2$
主创人员：陶郅 陈坚 练文誉 邓寿朋 琚豫婕 等

1. 广阔的活动场地

本方案将二层标高作为一个连续的活动平台进行设计，约 2000$m^2$ 的绿化活动平台及教学楼合院内架空庭院提供了其他方案无可比拟的室外活动场地。同时，在二层平台与地面运动场地之间采用台阶相互联系，进一步使室外活动场地连成整体，形成了一片开阔连续的活动场所。

2. 结合地域特征的建筑设计

整个建筑群借鉴了岭南骑楼的建筑形式，底层尽量架空，在首层和二层之间设计了一些楼梯及台阶将处于不同标高的庭院空间联系起来。这样风便可通过这些空间穿过整个校园，同时在庭院内部通过烟囱效应形成空气对流，进而带动整个区域的空气循环，使整个校园成为一片可以呼吸的建筑。架空层同时也提供了很多学生活动的空间。主要教学用房借鉴了客家院落的建筑形式，采用外走廊半围合的设计，东南面开放的走廊将东南风有效引入建筑，又避免了阳光直射，使这里成为学生乐意停留休憩的阳光空间。

3. 动静结合的环境设计

东侧运动场地以及宽阔的室外活动平台是学生运动、游戏的场所，活泼而喧闹。平台通过台阶与运动场地相连，既使空间连续，也是运动会时理想的看台。本方案在绿化活动平台上设计了 3 个天井，既能够让下面的空间接受充足的阳光，又促进了视觉和空间上的交流。两栋教学楼自身围合出的两个庭院，则是相对宁静的休憩读书空间。每一个庭院都有自己的主题和特色。优美的环境和鲜明的建筑相互交织、相互融合，提升了整个学校的环境品质。

4. 生动活泼的立面设计

教学楼主要立面的设计，抽象于客家传统木窗格的形式，变化成为整体而又活泼的建筑立面。在窗户的设计上也考虑了空调机位的安装，能在不影响整个立面效果的情况下使用。

## 设计故事

河源一次性打包招标十个中小学，这么大的工作量，对任何设计单位都是不小的挑战。那段时间，每个学校的设计小组都找陶郅看图，每个小组指导讨论半个小时，一轮下来都是大半天时间。

做惯了大学校园建筑，大家本来都以为设计小学是小菜一碟，但是随着设计的展开，实际情况是每个小组都在抱怨用地过于紧张，如何在有限的空间内为学生们提供一个健康安全的学习环境和快乐轻松的成长环境，陶郅的回答是：始终带着一颗童心去设计。

每当大家因为用地紧张而束手无策的时候，陶郅就鼓励大家，建筑师就应该在有约束的条件下寻找解决之道，如果没有了这些约束条件，反而无从下手。最终十个学校一次性中标，让这些曾经的约束条件都变成了促成好设计的催化剂。

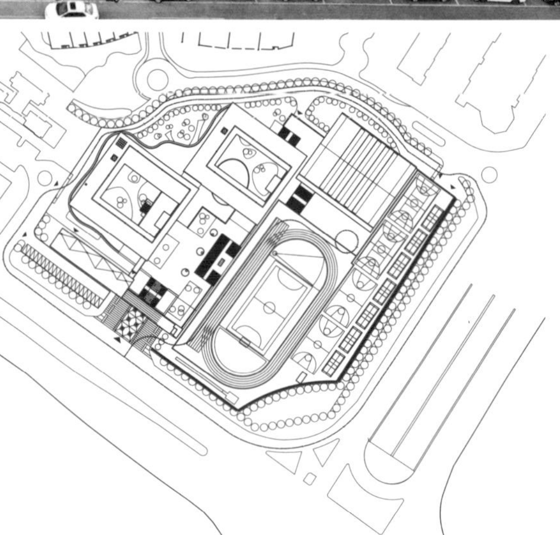

# 西北农林科技大学北校区图书馆

设计时间：2018 年
竣工时间：2020 年
建筑规模：45000 $m^2$
所获奖项：第九届广东省建筑设计奖（方案）一等奖
主创人员：陶郅 陈坚 郭钦恩 李岳 陈子坚 陈健生 夏叶 龚程超 黄承杰 艾扬 等

项目位于陕西省杨凌农业高新技术产业示范区，西北农林科技大学北校区核心区域。图书馆在校园东西向轴线之上，西侧为大学生活动中心、东侧为信息学院，北侧为体育场地，西南侧为坡地公园，东南侧和南侧为校园绿地和教学发展用地。图书馆地下一层，地上六层。

林中图书馆

设计灵感源于与农林密切相关的“林”的概念，将图书馆“内、外”营造出山林般的自然空间，使读者有如在林中阅读般的舒适感受，彰显大学的人文关怀和农林特色。

1.“外”—— 生态绿坡

用地西侧为生态坡地公园，东侧为景观绿地。为呼应周边景观，将建筑基地抬高，面对坡地公园一侧形成绿化缓坡，延续坡地公园景观环境，打造出一块供学生休憩、阅览、活动的景观生态平台。建筑主体简洁规整，如一方舟悬浮于草坡之上。

2.“内”——“书山文林”的阅读空间

空间灵感来自于“书山有路勤为径”，室内阅读空间以中庭为核心向上逐层退台，将书架与墙面进行一体化设计，对空间进行分隔和围合，营造出层叠向上的“书山”。在楼层之间设计了若干直跑楼梯，组织出一条由首层通往“书山”顶层的求学之“径”，引领学子攀登学术的高峰。

中庭由“十”字形钢柱及顶部斜梁组成的“树阵”，以及斜梁对应的屋顶“十”字型采光带，营造出“文林”般的空间意境，充分展示农林院校特有的文化气息。游走于建筑内，仿佛置身树林之中，感受书文林海的灵气。

3. 外墙装配式模块与绿建分析软件的应用

图书馆立面采用数字模块化设计，通过四个标准尺寸的幕墙单元，形成丰富的立面变化。幕墙单元采用保温防水一体化设计，使外墙快速装配成为可能。

应用绿建分析软件对建筑采光、通风等进行分析，根据分析结果对不同朝向的开窗单元进行调整，使立面的虚实变化既绿色节能又丰富有机。

# “郅”誉——获奖时间轴

地冷空调研究·发明创新科技之星奖

1998 年全国优秀教育建筑设计评选优秀奖
教育部优秀建筑设计一等奖
建设部优秀工程设计一等奖
教育部优秀建筑设计二等奖

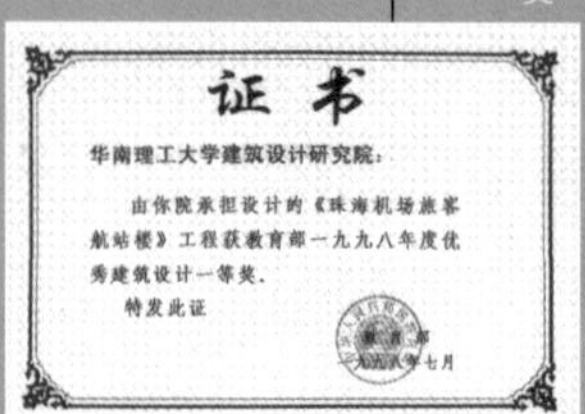


教育部优秀工程设计表扬奖
全国第九届优秀工程设计金奖

广东省注册建筑师协会第二次建筑创作提名奖
广东省注册建筑师协会第二次优秀建筑提名奖
建设部城乡建设优秀勘察设计（中国勘察设计协会）三等奖
建设部优秀勘察设计建筑设计三等奖
教育部优秀勘察设计评选建筑设计一等奖
广东省注册建筑师协会第二次优秀建筑提名奖
建设部优秀勘察设计评选三等奖
教育部优秀勘察设计评选规划二等奖

2004 年亚洲建筑推动奖
暨全国高校民族预科（江西）基地新校区概念性规划设计一等奖

第五届詹天佑土木工程大奖土木工程大奖
第九届机械工业优秀工程设计奖二等奖
国家工程建设质量奖优质工程银质奖
教育部校园建筑设计三等奖
广东省勘察设计协会三等奖
2005 年全国十大建设科技成就奖
河南省勘查设计创新奖一等奖

国家工程建设质量奖优质工程银质奖
第四届中国建筑学会建筑创作奖佳作奖
国家工程建设质量奖优质工程银质奖
第四届中国环艺设计学年奖（建筑景观类）最佳指导教师奖
羊城十大设计师

教育部优秀建筑设计三等奖
第五届詹天佑土木工程大奖土木工程大奖
2005 年全国十大建设科技成就奖
国家工程建设质量奖优质工程银质奖
教育部校园建筑设计三等奖
广东省建筑师协会第四次优秀建筑佳作奖
第五届中国建筑学会建筑创作佳作奖
福建省科技示范先进技术推广应用示范工程「国内领先」称号
福州市优质工程「蓉城杯」优胜奖
教育部优秀建筑设计一等奖
福建省重点项目「闽江杯」优胜奖
教育部优秀建筑设计一等奖
广东省注册建筑师协会第四次 2007 年度优秀建筑创作奖

2008

第五届中国建筑学会建筑创作佳作奖
全国优秀工程勘察设计行业奖建筑工程一等奖
全国优秀工程勘察设计行业奖建筑工程一等奖
全国优秀工程勘察设计奖银奖
全国优秀工程勘察设计奖金奖

2009

全国优秀工程勘察设计行业奖三等奖
广东省注册建筑师协会第五次优秀建筑佳作奖
教育部优秀建筑设计三等奖
教育部优秀建筑工程设计二等奖
第五次广东省优秀建筑创作奖
中国建筑学会建国 60 周年建筑创作大奖
中国建筑学会建国 60 周年建筑创作大奖
中国建筑学会建国 60 周年建筑创作大奖

2010

第八届中国国际室内设计双年展优秀奖
第八届中国国际室内设计双年展铜奖
第八届中国国际室内设计双年展银奖
全国优秀工程勘察设计行业奖二等奖
全国优秀工程勘察设计行业奖二等奖

2011

教育部优秀规划一等奖
广东省优秀工程勘察设计奖工程设计二等奖
教育部优秀建筑设计二等奖

2012

第六届梁思成建筑奖提名奖
当代中国百名建筑师

2013

中国室内设计卓越成就奖
广东省注册建筑师协会第七次（二〇一三年度）优秀建筑佳作奖
教育部优秀建筑工程设计三等奖
教育部优秀建筑工程设计三等奖

2015

第八届中国威海国际建筑设计大赛优秀奖
教育部优秀建筑工程设计三等奖

2016

第四届中国环艺设计学年奖（建筑景观类）最佳指导教师奖
全国勘察设计大师
2016 年中国建筑学会建筑创作奖银奖

2017

教育部优秀工程勘察设计奖一等奖
教育部优秀建筑工程设计一等奖
全国优秀工程勘察设计行业优秀建筑工程设计一等奖
广东省优秀工程勘察设计奖一等奖
全国优秀工程勘察设计行业优秀工程设计一等奖

2018

中国建筑学会 2017-2018 建筑设计奖建筑创作金奖
亚热带大型公共建筑可持续营建技术研究 科学技术进步奖二等奖

2019

第九届广东省建筑设计奖（公建方案）三等奖
第九届广东省建筑设计奖（公建方案）二等奖
第九届广东省建筑设计奖（公建方案）一等奖
教育部优秀规划设计二等奖
教育部优秀建筑工程设计三等奖
教育部优秀建筑工程设计二等奖

# “郅”影——点滴图像集

珠 海 機 場
ZHUHAI AIRPORT
海市人民政府庆祝珠海机场通
A CELEBRATION BANQUET BY ZHUHAI MUNICIPAL
FOR ZHUHAI AIRPORT'S OPENING TO

第六届梁思成建筑奖颁奖典礼
圖書館

谨以此书献给敬爱的陶郅大师！

# 后记

## 陶 郅

955年11月18日　生于湖南长沙

969年-1973年　长沙市九中完成初中、高中学业

973年－1977年　长沙市民族乐器厂小提琴制作师

978年－1982年　作为“文革”后招收的首批建筑专业学生，考入华南工学院（1988年更名为华南理工大学）建筑学本科学习

982年－1985年　师从龙庆忠先生，在华南工学院攻读硕士

985年－2018年　华南理工大学建筑设计研究院工作，历任副院长、副总建筑师

998年　首批入选中法政府学术交流计划“50位中国建筑师在法国”项目，赴法国巴黎机场公司工程部进修

998年　开始招收研究生，华南理工大学建筑学院任教，历任教授、硕士生导师、博士生导师

004年　获得由亚洲建筑师协会颁发的亚洲建筑推动奖

006年　获得中国建筑学会室内设计分会颁发的中国环境设计学年奖最佳指导老师

008年　被查出患有重大疾病，但仍奋战在建筑设计及教书育人的第一线，并创作出大量优秀建筑作品

012年　获得由中华人民共和国住房和城乡建设部颁发的梁思成建筑提名奖

012年　获得由中国建筑学会颁发的当代中国百名建筑师称号

013年　获得中国室内装饰协会颁发的中国室内设计卓越成就奖

014年-2018年　被聘为广东省政府参事

015年　获得由亚洲城市与建筑联盟颁发的亚洲设计学年奖优秀指导教师奖

015年　获得由中国人居环境设计学年奖组委会颁发的中国人居环境设计学年奖优秀指导老师

016年　获得由中华人民共和国住房和城乡建设部颁发的全国工程勘察设计大师称号

018年12月7日　因病医治无效在广州逝世，享年63岁

《陶郅大师建筑作品选集》即将出版刊印，本书收录了陶郅大师生前主持创作的42个建筑作品，时间跨度近三十年，是他一生心血的写照。

此书出版的目的，一是陶郅老师生前曾整理过部分作品想将其结集成册，但最终未能完成。作为他的弟子，实现他未尽的心愿是我们义不容辞的责任；二是陶老师作为改革开放的见证者和参与者，其作品大多反映了他对时代和社会的思考与认识，此次整理收录其不同时期的代表作，具有较高的工程实用价值，可供后人学习借鉴；三是此书也寄托着我们对陶老师无尽的感恩和深深的怀念。

在本书整理收集过程中，由于个别项目年代久远，无法找到详细资料，同时，出版时间紧、编选任务重，再加上编者水平有限，难免有不妥之处，请读者和专家们批评指正。

衷心感谢何镜堂院士百忙之中拨冗为本书作序，感谢华南理工大学建筑学院、建筑设计研究院的各位领导对本书的支持与鼓励，感谢陶郅工作室的全体成员以及陶郅老师的硕士、博士研究生们在本书编纂过程中的辛勤付出。感谢中国建筑工业出版社的吴宇江和孙书妍两位编辑，使本书得以尽快面世。

特别感谢陶郅老师的家人罗声浩女士对本书的大力支持。

大师已经离去，所幸我们仍然拥有他留下的经典，让我们可以继续聆听他的思想。薪尽火传，大师的精神犹在。陶门弟子、陶郅工作室的全体仝仁，立志沿着大师所开拓的道路继续践行，将大师的建筑理念、人生哲学相传相承，阐扬光大。

谨以此书献给敬爱的陶郅大师。

《陶郅大师建筑作品选集》编委会

己亥年教师节于华园芝庭宿舍陶郅工作室